# 權變管理學

## 不確定時代下的精準領導

著

- 跨領域合作
- 挑戰性目標
- 成長型思維

破解組織瓶頸
看世界知名企業如何打造
超一流管理體系！

領導不靠權威，激發潛能才能有效提升總體效率；
從決策到執行，從激勵到授權，讓企業穩健成長！

# 目錄

01 打造高效團隊的關鍵 …………………………… 007

02 激勵員工：打造高效團隊的關鍵策略 ……… 023

03 團隊凝聚力：企業成功的基石 ………………… 035

04 自我控制：管理者不可或缺的核心能力 …… 051

05 尊重與管理：激發員工潛能的關鍵策略 …… 059

06 好團隊需要好指揮：領導力決定團隊成敗 … 073

07 寬容 ── 一個領袖的胸懷 …………………… 087

08 管理的平衡藝術：
　 苛責與情感投入的最佳拿捏 ………………… 099

09 企業決策的基石：
　 以原則打造高效與永續競爭力 ……………… 113

# 目錄

10 冷靜決策，理性引領：
    管理者必備的情緒掌控力……………………125

11 如何有效督導員工並促進成長………………137

12 精準管理細節，
    提升職場競爭力與團隊效能…………………149

13 從發掘潛力到長期人才儲備，
    打造企業競爭力的關鍵策略…………………161

14 掌握幽默技巧，化解衝突、增強溝通，
    打造高效領導風格……………………………175

15 專注力打造高效職場：
    聚焦核心工作，提升團隊競爭力……………187

16 掌握高效工作時間：
    提升效率與時間管理的關鍵策略……………199

17 以真心贏得信任，
    打造高效團隊…………………………………213

18 形象領導力：

　　打造卓越魅力，建立管理影響力 ………… 227

19 智慧授權：

　　打造高效團隊，提升企業競爭力 ………… 241

20 納諫與授權：

　　激發團隊智慧，推動企業創新 …………… 253

21 言而有信：

　　領導者的信譽與團隊信任的基石 ………… 265

22 精準決策與卓越執行力：

　　引領企業成功的關鍵 ……………………… 277

23 企業管理中的智慧決策：

　　謀定而後動，避免衝動行事……………… 291

# 目錄

# *01*
# 打造高效團隊的關鍵

　　一支高效的團隊不僅能提升工作效率，更是企業長期成功的基石。然而，打造一個高效團隊並非單靠個別人才，而是依賴有效的管理策略、良好的溝通機制以及強大的凝聚力。本章將探討如何透過明確的目標設定、激勵機制與團隊協作，建立一個具備高度執行力與競爭優勢的團隊，讓每位成員都能發揮最大潛能，共同推動企業邁向卓越。

## ▍設定可行目標的重要性

　　一個成功的團隊必須擁有明確的目標，這是團隊運作的基石。管理的核心在於協調成員行為以達成共同目標，而這個目標正是活動的方向。自 1954 年美國著名管理學家彼得・杜拉克提出目標管理概念以來，這一方法便在實務界和學術界受到廣泛關注。目標管理是透過激勵組織成員並在工作中實行自我控制，促使他們積極實現既定目標的管理方式。

　　正如美國行為學家吉格・吉格勒所說：「設定一個高目標就

等於達到了目標的一部分。」這強調了設定挑戰性目標的重要性，這樣的目標能激勵團隊不斷前進。

## ◎案例：Google 的 OKR 目標管理制度

Google 是全球知名的科技巨頭，其成功背後的重要因素之一就是採用了 OKR（Objectives and Key Results，目標與關鍵成果）目標管理制度，幫助團隊保持清晰方向，並確保所有成員都朝著共同的目標努力。

### ▶ 背景

1999 年，Google 剛成立不久，員工人數還不到 50 人，當時公司需要一種有效的方式來確保團隊能夠保持高效率運作，並且所有成員都能清楚地理解公司的發展方向。因此，Google 採納了由 Intel 前高層約翰・杜爾（John Doerr）引入的 OKR 目標管理方法，並將其發展成為 Google 文化的一部分。

### ▶ 如何運作？

**Google 會根據 OKR 模型來設定目標：**

- O（Objective，目標）：明確的、鼓舞人心的目標，能指引團隊前進方向。
- KR（Key Results，關鍵成果）：衡量目標達成的具體指標，通常是可量化的結果。

每個季度，Google 都會制定公司層級的 OKR，並將目標拆

分至各個團隊與個人，確保每位員工都能與公司的願景保持一致。例如：

### Google 早期的一個 OKR（2008 年 Android 推出前）

- 目標（O）：成為全球最受歡迎的行動作業系統
- 關鍵結果（KR）：
- 在 18 個月內與 5 家主要手機製造商達成合作協議
- 在 24 個月內確保 100 萬用戶使用 Android 手機
- 在 12 個月內發布首款 Android 手機（HTC Dream）

### ▶ 成果

Google 透過清晰的目標設定與定期檢視，使 Android 團隊專注於執行計畫，最終成功在 2008 年推出 HTC Dream（T-Mobile G1），成為第一款搭載 Android 作業系統的智慧型手機，正式開啟了 Android 時代。時至今日，Android 已成為全球最受歡迎的行動作業系統，市占率超過 70%。

### ▶ 啟示

這個案例說明了：

明確的目標能引導團隊朝正確方向邁進，避免資源浪費或策略迷失。可衡量的關鍵成果能夠驅動行動，讓團隊專注於達成可實際衡量的成果。定期檢視與調整，確保團隊在執行過程中能根據市場變化進行靈活應對。

Google 的成功證明了清晰且具挑戰性的目標如何讓一個團隊從無到有，成就全球性的影響力。

## 特斯拉與挑戰性目標：馬斯克如何推動電動車革命

在 21 世紀初，電動車市場仍處於發展初期，普遍被認為技術不成熟、成本過高且市場需求有限。然而，特斯拉（Tesla）執行長伊隆·馬斯克（Elon Musk）設定了一個極具挑戰性的目標：打造一款高性能且價格親民的電動車，並推動全球能源轉型。

### ▶ 目標與挑戰

馬斯克在 2008 年正式接手特斯拉後，面臨一系列挑戰，包括：

- **電池技術限制** —— 當時的電池技術尚未成熟，續航里程短，充電時間長，且成本高昂。
- **市場接受度低** —— 消費者普遍認為電動車不夠可靠，市場需求有限。
- **資金壓力** —— 特斯拉在 2008 年金融危機期間瀕臨破產，資金鏈極度緊張。

### ▶ 策略與執行

為了克服這些挑戰並實現目標，馬斯克採取了一系列策略：

**高端市場切入**：特斯拉首先推出 Roadster，這款高性能電動跑車雖然價格昂貴，但能夠證明電動車的潛力，吸引投資者與

市場關注。

**逐步降低成本與規模化生產**：透過 Roadster 的成功，特斯拉陸續推出 Model S、Model X，再發展至大眾市場的 Model3，藉由大規模生產來降低成本（Lambert, 2019）。

**充電基礎設施建設**：為了解決消費者的「充電焦慮」，特斯拉投入大量資源建立全球 Supercharger 快充網路，提升電動車的便利性。

**垂直整合供應鏈**：為了降低電池成本與提升產能，特斯拉投資建立 Gigafactory 超級工廠，實現電池與整車的規模化生產。

### ▶ 成果與影響

馬斯克的挑戰性目標與執行策略，使特斯拉取得了顯著成就：

2017 年，Model3 上市，成為全球最暢銷的電動車之一。

2021 年，特斯拉年度交付量突破 93 萬輛，實現盈利，成為全球電動車市場的領導品牌。

2023 年，特斯拉市值突破 8,000 億美元，成為全球最具價值的汽車公司。

### ▶ 討論與啟示

特斯拉的成功證明，具挑戰性的目標能夠激勵團隊，驅動技術創新，並推動市場轉型（Davenport, 2020）。該案例提供以下啟示：

- **明確且遠大的目標能激發創新**——馬斯克並未因市場困境而退縮,而是制定突破行業極限的計畫,最終改變了整個汽車產業。
- **目標需要與策略相匹配**——特斯拉透過「高端市場入手、規模化生產、建設基礎設施」的策略,成功降低電動車成本並提升市場接受度(Liu & Meng, 2022)。
- **長期願景帶來產業變革**——特斯拉不僅改變了汽車市場,更促使全球各大車廠紛紛轉向電動化,推動可持續能源發展。

特斯拉的案例顯示,當企業設定明確且具有挑戰性的目標,並透過適當的策略來執行,便能實現突破性成就。馬斯克的願景與行動不僅讓特斯拉成為全球領先的電動車品牌,也推動了全球綠色能源革命,為未來的企業發展提供了寶貴的借鑒。

## 實現目標的策略

為了實現這些具有挑戰性的目標,團隊必須進行全面的整合和協調。以下是三種促進目標實現的方法:

### 1. 增強團隊整合與個體動力

團隊管理者首先要在思想上進行整合,確保所有成員的目標方向一致。這樣可以減少內部的消耗,提高團隊效率。此外,

強調個體驅動，將員工的自我實現與團隊目標結合，使他們更加積極地投入到任務中。

## 2. 提高成員的價值認同感與發展意識

團隊成員應該建立學習型團隊，透過不斷學習提升自己，來應對團隊發展中的需求。同時，實現人性化的管理，從精神和物質上激勵員工，以穩定員工的情緒並激發創造力。

## 3. 提升團隊主管的領導藝術

團隊主管需要具備高超的領導技巧，透過創造良好的工作環境，發揮每個成員的優勢，從而激發整體的動力和活力。主管的領導藝術不僅僅是管理，更是激勵團隊向目標邁進的重要手段。

## 目標設定與團隊成功

有挑戰性的目標不僅能激發員工的工作熱情，還能促使團隊成員不斷提升自己的能力，進而實現更高的成就。當團隊達成這些目標時，成員會獲得巨大的成就感，這種成功的經歷會進一步加強團隊的凝聚力。透過設定明確而具挑戰性的目標，領導者能夠指引團隊走向成功。

## 打造高效團隊的關鍵在於設定具有挑戰性的目標

在團隊管理中，目標的設定是成功的核心。挑戰性目標不僅能激發團隊成員的潛力，還能增強他們對團隊的認同感和責任感。當團隊擁有清晰且具有挑戰性的目標時，成員的積極性和工作效率會顯著提高，並且能夠在實現目標的過程中獲得成就感。這種成就感不僅能凝聚團隊力量，還能促使成員在未來的工作中更有動力和創造力。對於領導者而言，設定具有挑戰性的目標，並透過合理的管理方式來推動目標的實現，是打造高效團隊的關鍵。

# 自信的力量：讓你邁向成功的關鍵

## 內在自信與外在魅力

生活中，我們常見一些被人欣賞、喜愛的人，他們的外貌或許並不出眾，甚至有些人可能還有些外在的缺陷。然而，他們卻能輕易吸引他人的目光，讓人不自覺地關注他們的優勢，忽略缺點，並因此產生深深的羨慕。這一切背後的原因，往往是他們具備了一種強大的內在魅力 —— 自信。

自信是一種由內而外散發的光彩，它不隨時間的流逝而消退。相反，外表的美麗會隨著年華老去而逐漸褪色，而自信所

帶來的魅力，會隨著年齡的增長愈加深厚。擁有自信的人，能在生活中表現出堅定的信念與穩定的心態，這使得他們能夠應對各種挑戰，並且常常吸引到他人的注意與尊重。

## 自信：成功的關鍵動力

成功往往與自信密不可分，正如美國哲學家愛默生所說，自信是通往成功的鑰匙。自信並不代表自負，而是對自身能力的信任，以及勇於迎接挑戰的態度。許多當代成功人士，如蘋果執行長提姆·庫克（Tim Cook）與 Netflix 創辦人里德·哈斯廷斯（Reed Hastings），都展現了自信在企業發展與個人成就上的關鍵作用。

當史蒂夫·賈伯斯離開蘋果後，外界對接任執行長的提姆·庫克抱持懷疑態度。然而，他憑藉堅定的自信與遠見，帶領蘋果持續創新，推出更強大的 iPhone、Apple Watch、AirPods 等產品，並積極發展服務業務，如 Apple Music 和 iCloud，成功讓蘋果成為全球最有價值的企業之一。他的冷靜決策與長遠規劃，來自於對自身能力的信心，使他得以穩住蘋果的領導地位，並開創新局。

另一方面，Netflix 的創辦人里德·哈斯廷斯，則展現了自信如何推動產業變革。當 Netflix 從 DVD 租賃轉型為串流影音服務時，市場普遍不看好這項變革，認為使用者仍然習慣於傳統電視與實體租賃模式。然而，哈斯廷斯堅信影音串流是未來的

## 01 打造高效團隊的關鍵

趨勢，果斷推動公司全面轉型，並大膽投資於原創內容，如《紙牌屋》、《怪奇物語》等，最終讓 Netflix 成為全球影音娛樂產業的領導者。他的自信，使團隊與投資人相信這項策略，並成功改變人們觀看內容的方式。

擁有自信的人，能夠在挑戰與變革中保持冷靜，做出果斷的決策，並帶領團隊走向成功。不論是企業領袖、創業家，還是專業人士，自信都是促使他們突破困境、創造機會的重要驅動力。

## 自信成就非凡未來

無論身處何種產業或人生階段，自信都是不可或缺的關鍵要素。它不僅提升個人表現，也能激勵他人，共同邁向卓越。因此，建立自信，勇於迎接挑戰，是成功旅程中最重要的一步。

## 自信與領導力

在領導團隊時，自信更是至關重要。領導者的自信能夠影響整個團隊的士氣和執行力。自信的領導者會表現出從容不迫的態度，無論是面對壓力還是解決棘手問題，都能帶領團隊積極應對，讓成員感到信任與支持。然而，過度的自信則可能轉變為自負，這會削弱領導者的判斷力和對問題的敏感性，甚至使團隊士氣受損。因此，保持適度的自信，避免過度自負，是領導者應當學會的藝術。

## 培養自信的心態

　　自信並非天生就有，而是可以後天培養的。就像吸引力法則所言，當你相信自己在某個方面具有優勢時，你會在這方面表現得更為出色。相反，若你對某些事情缺乏信心，則會感到恐懼和不安，進而限制自己的潛力。因此，培養自信的關鍵在於相信自己的能力，並不斷激勵自己在各方面取得突破。

　　自信不僅僅展現在語言和行為上，更展現在氣場與態度中。它是由內而外散發的力量，能讓他人感受到你的自信與魅力。無需過多言語，自信的人能夠透過眼神、語氣和肢體語言，傳達出自己對未來的信任與希望。

## 自信是成功的必備條件

　　在競爭激烈的社會中，自信是達成成功的「金鑰匙」。無論身處何種境地，自信能幫助我們克服困難，突破自我，迎接挑戰。自信並不是盲目的自負，而是對自己的信任，對未來的期待，是激勵自己不斷奮進的動力源泉。當我們學會欣賞自己，並在心中對自己充滿信心時，我們的生活與事業將不再受到限制。我們將不斷突破自卑的束縛，創造出屬於自己的精彩人生。

# 成為有氣質的主管：威信與領袖氣質的培養

## 培養威信與領袖氣質的基礎

作為一位主管，管理員工是你的職責之一，但同時，應該時刻保持一個清晰的認識：從人格角度來看，主管和員工之間是平等的，沒有高低貴賤之分。在這個基礎上，主管的權威不應該來自於對員工的「賞罰」，而是建立在員工的認可與信任上。所謂的「威信」，正是指主管透過自己的行為和人格，讓員工自願地接受他的影響，從而達到領導的效果。當一個主管能夠樹立自己的威信時，他就能擁有更強的領導力，促使團隊更高效地運作。

### ◎案例：提姆・庫克如何以人格魅力建立威信

當提姆・庫克（Tim Cook）在 2011 年接任蘋果（Apple）CEO 時，許多人對他的領導能力抱持懷疑。相比於充滿個人魅力且強勢的史蒂夫・賈伯斯（Steve Jobs），庫克的風格更為低調務實。然而，庫克並未依靠權力來強行建立領導地位，而是憑藉誠信、尊重與以身作則，逐步贏得員工的認可，建立起強大的威信。

庫克特別注重尊重員工、傾聽意見。他曾公開表示：「賈伯斯教會我最重要的一課，就是永遠要做真正的自己。」他沒有試圖模仿賈伯斯的管理風格，而是以自己的方式領導蘋果，強調

開放與包容。他會親自拜訪蘋果的供應鏈工廠，確保員工的工作條件得到改善，並且推動企業更加關注社會責任，如環保和多元化政策。

此外，庫克堅持以身作則，展現出極高的敬業精神。他以極為細緻的管理方式深入了解產品開發與業務運作，並經常親自參與關鍵決策。他的親和力與真誠，使他贏得了內部員工的高度尊重，許多蘋果高層也因此選擇追隨他的領導，而不是因為他擁有「CEO」的頭銜。

庫克的領導風格證明，真正的威信來自於人格魅力與行為，而非權力與懲罰。當一位領導者能夠尊重員工、展現誠信並以身作則，員工自然會願意追隨，從而讓團隊運作更加順暢、高效。

## 威信與領袖氣質的區別

在職場中，有些人無論做什麼，都能輕易地引起他人的認可，並能引導團隊的行動。這類人往往擁有某種特質或魅力，我們可以稱之為「領袖氣質」。這並不代表只有高層管理者才能擁有領袖氣質，事實上，在任何團體中，無論是小型辦公室還是大型集團，都會有一些人因為其人格魅力，成為大家的核心人物。這種人格魅力，往往是主管威信的基礎，它不僅能使主管贏得尊重，還能有效地引領團隊。

## 影響威信建立的要素

樹立威信和領袖氣質是需要長期努力的過程，並非一朝一夕的事情。作為一名管理者，要注重以下幾個方面的培養，才能有效地樹立自己的威信和領袖氣質：

### 1. 誠實守信

在當今的社會中，許多人誤以為誠實守信意味著「老實」，並將其視為無能的標誌。但實際上，誠實和守信是樹立威信的基石。任何欺騙行為都會使人對你的誠信產生懷疑，這樣就難以在他人心中建立威信。因此，誠實守信應該是每位主管的基本素養。

### 2. 學會傾聽

在職場中，很多人認為「說」比「聽」更能表現自己。然而，學會傾聽同樣重要。傾聽不僅是對他人的尊重，還能幫助你理解他人的想法和需求。這樣，你在發表意見時，就能更有針對性，並從團隊的角度出發，讓大家更容易接受你的建議。最終，你的意見會被視為權威，因為它更具深度和洞察力。

### 3. 重視他人

要讓別人重視你，首先你必須重視他人。這是建立良好關係和樹立威信的基本條件。從記住每位同事的名字做起，關心他

們的想法，這樣他們會覺得自己被尊重，從而更願意信任你，並接受你的領導。

### 4. 從大局出發

在工作中，始終要從大局出發，而非僅僅站在個人的立場來考慮問題。只有當你設身處地為他人著想，並且能夠考慮到全局利益時，才能真正得到團隊的認可。這樣，你的決策才能獲得更多支持，並且能夠有效推動團隊達成目標。

### 5. 果斷地表達意見

一個果斷的領導者能在關鍵時刻做出快速且有效的決策。如果你每次都猶豫不決，可能錯失寶貴的機會，也會讓人對你的領導能力產生懷疑。因此，在做出決策後，要果斷表達並執行，這樣可以增強他人對你權威的信任。

## 展現威信的關鍵

作為主管，樹立威信和領袖氣質是獲得團隊尊重與支持的基礎。誠實守信、學會傾聽、重視他人、從大局出發以及果斷表達意見等，都是幫助你建立威信的有效方式。當你能夠在這些方面有所突破，團隊將更加信任你，你的領導力也將得到最大程度的發揮，從而推動團隊邁向更高的成就。

## 01 打造高效團隊的關鍵

# *02*
# 激勵員工：
# 打造高效團隊的關鍵策略

　　激勵員工是打造高效團隊的重要策略之一，因為當員工充滿動力時，整個組織的工作效率與創造力都能顯著提升。管理者需要了解不同的激勵方式，包括物質獎勵、心理認可與成長機會，並根據員工的需求與特質，靈活運用最適合的方式。本章將探討如何透過有效的激勵機制，提高員工的工作熱情與忠誠度，進一步強化團隊凝聚力，讓企業在競爭激烈的環境中脫穎而出。

## ▌激勵員工的重要性

　　企業的發展離不開員工的貢獻，員工的主動性、積極性和創造性是企業成功的關鍵因素。管理者在日常管理工作中，必須意識到員工並非僅僅是工具，他們的工作積極性對企業的影響深遠。為了激發員工的活力，管理者需要建立有效的激勵機制，這是促進員工積極性和主動性的必要手段。

## 02 激勵員工：打造高效團隊的關鍵策略

# 激勵員工的有效方法

如何讓員工的積極性得以充分發揮？作為團隊主管，可以從以下幾個方面著手：

### 1. 認可比批評更重要

主管對員工的認可遠比批評更能激發員工的積極性。奇異電氣的前總裁傑克・威爾許曾指出：「每個人都應該感受到自己的貢獻，這些貢獻應該是可見的、具體的、並且能夠量化的。」當員工完成一項工作時，及時的認可能夠讓員工感受到被重視和肯定，進而激發他們的工作熱情。與此同時，認可的時效性也非常重要，過多的認可是無效的，只有在恰當的時候，給予員工充分的認可，才能達到最好的激勵效果。

### 2. 寬容比批評更重要

每個人都會犯錯，主管應該以寬容的心態對待員工的失誤。這不僅能讓員工感受到理解和支持，也能幫助他們從失敗中學習，逐步提升自身能力。然而，寬容並不等於袒護，而是要幫助員工認清錯誤、提出改進的建議，從而促使員工進步。寬容是管理的一種智慧，也是一種美德。

### 3. 優勢比不足更重要

管理者應該關注員工的優勢，並為他們提供充分的發揮空間。每個員工都有其獨特的優勢，主管應該透過發掘員工的長

處，幫助他們發揮最大的潛力。這不僅有助於提高團隊整體的效率，還能激勵員工的工作熱情。當員工感受到自己的優勢被認可時，他們會更加努力地工作，並尋求進一步的自我提升。

### 4. 多數比少數更重要

主管應該注重調動大多數員工的積極性，而不僅僅依賴少數幾個信任的員工。這樣能夠確保整個團隊的工作目標得以實現，並促進部門的整體合作。如果一個主管只關注少數員工，忽視大多數員工的積極性，則會讓後者感到被排擠，從而影響團隊的凝聚力和工作效率。

### 5. 公平比情感更重要

在管理中，公平是建立信任的基石。主管應該在工作中始終保持公平，不偏袒任何一位員工，確保每個人都有平等的機會發揮才能。情感的投入是必要的，但要注意分寸，不能讓情感影響到決策和對員工的評價。公平的管理方式能夠增強員工的信任感，從而促進團隊的穩定和發展。

### 6. 授權比控制更重要

主管不應該過度控制員工，而應該學會授權，讓員工有更多的自主權來發揮自己的專業能力。授權能讓員工感到被信任，並且能激發他們的工作積極性。同時，授權不等於放任，主管仍然需要定期監督員工的工作，並提供必要的指導和幫助。這樣不僅能提高工作效率，還能增強員工的責任感和成就感。

## 02 激勵員工：打造高效團隊的關鍵策略

### 激發員工熱情的關鍵

管理者要成功激勵員工，首先需要認可他們的工作成果，並且用寬容和理解的態度對待他們的錯誤。同時，關注員工的優勢，並為他們提供發揮的空間，可以激發他們的工作熱情。透過合理的授權、公平的管理和對大多數員工積極性的調動，主管能夠有效激勵整個團隊，實現企業目標的達成。

## ▌誇獎：對下屬最真誠的肯定

### 讚揚的重要性

每個人工作不僅是為了物質回報，還為了獲得認可與肯定。根據一份民意調查，89％的人希望主管給予自己正面的評價，只有2％的人認為主管的讚揚無所謂。由此可見，員工在工作中最渴望的是主管的認可。這種認可不僅能夠促進員工的個人發展，還能提升他們的精神滿足感。主管的讚賞，無論是口頭表揚還是行動支持，都能成為員工持續努力的動力源泉。

### 主管讚揚的影響

主管的讚揚對員工的影響深遠，具體展現於以下幾點：

### 1. 確立員工的價值

讚揚能夠讓員工意識到自己在團隊中的價值。員工不僅關心自己的工作成績，還特別在意主管對自己在團隊中的定位。主管的認可能幫助員工確立在公司的位置，提升他們的自信心和工作積極性。

### 2. 滿足榮譽感和成就感

當員工完成某項任務或達到某個目標時，主管的讚賞能夠讓他們感到自豪和滿足。這種榮譽感不僅能激勵員工繼續努力，還能讓他們在心理上得到鼓勵，進一步增強工作的動力。

### 3. 促進團隊凝聚力

主管的讚揚還能消除與員工之間的隔閡。在長期的工作中，如果主管未對員工進行任何表揚或批評，員工可能會對主管產生不滿，甚至導致隔閡和誤解。及時的讚揚不僅能加強員工的積極性，還能促進主管與員工之間的良好關係。

## 讚揚的智慧

讚美是一門藝術，懂得讚美的主管能夠觸及員工的心靈。真正有效的讚美往往來自對員工的細心觀察與理解。主管應該注意到員工在日常工作中的微小細節，並從中發現他們的努力和優點。

## 02 激勵員工：打造高效團隊的關鍵策略

# 真正的讚美：細微之舉也能帶來成功

讚揚不一定來自於重大成就，日常的細微表現同樣能成為肯定的素材。例如：星巴克執行長霍華德・舒茲（Howard Schultz）的故事就充分展現了這一點。

霍華德・舒茲出身平凡，在年輕時並未擁有顯赫的背景。他最初加入星巴克時，只是一名行銷經理，但他對每個細節的重視和對品牌理念的執著，使他逐漸受到公司高層的關注。有一次，他在拜訪一家咖啡店時，注意到一位顧客因為咖啡過熱而燙傷手指，他立刻向公司提出改進建議，希望能設計一款能夠保護顧客雙手的杯套。這個小小的提議，不僅提升了消費體驗，也讓他在公司內部建立了細心且負責任的形象。

星巴克的董事會成員注意到他的積極態度，開始給予他更多的機會，讓他參與決策。最終，他從一名行銷經理晉升為執行長，帶領星巴克成為全球最具影響力的咖啡品牌之一。他的成功並非來自驚人的創舉，而是來自對細節的關注與責任感。

### 小行動帶來大機會

這個故事證明，真正的成功並不僅僅來自於偉大的計畫，而是源於對每一個細節的用心。主管的讚揚與肯定，不只來自於業績表現，更可能來自於對細節的堅持與責任感。因此，無論職位高低，每一個小動作都有可能成為改變命運的契機。

## 專業的讚美：懂行的重要性

讚美應該是具體且專業的。作為主管，讚美員工時應該注意用語的準確和專業性。例如：在某些領域，主管若能夠使用專業術語來讚美員工，將顯得更加有權威性。這不僅能讓員工感受到被專業認可，也能進一步強化員工對工作的熱情與自信。

## 口頭讚揚與實際行動

誇獎不僅僅是口頭上的讚美，更應該有實際的行動來支持。真正的讚揚來自於主管對員工的關心與體貼，並且能夠從實際行動中表現出來。如果主管僅停留在口頭讚揚，員工可能會懷疑其誠意。而如果主管能在行動上表示支持，並且為員工提供成長機會和資源，那麼這份讚美將變得更具實質意義，員工也會更加感激和努力。

## 誇獎是最有效的激勵

誇獎是主管對下屬最真誠的肯定。它不僅能夠增強員工的信任和積極性，還能有效促進團隊的凝聚力。主管應該學會關注員工的優勢，並從小事做起，透過具體而專業的讚美來激勵員工。更重要的是，誇獎應該配合實際行動，這樣才能讓員工真正感受到被尊重與重視，從而達到最佳的激勵效果。

02 激勵員工：打造高效團隊的關鍵策略

# ▌將負面情緒轉化為動力

## 情緒的力量：轉化負面為正面

情緒本身沒有好壞之分，關鍵在於如何處理它們。即使是負面情緒，若能有效管理，依然可以發揮其正面的作用。在工作中，管理者需要重新審視常見的「負面」情緒，並思考如何將其轉換為積極的動力，從而激發員工的潛能。

## ◎案例：行銷部雙雄的競爭與分歧

在一家快速成長的科技公司，行銷部的兩位核心成員——小凱和志文，長期以來一直是團隊的靈魂人物。他們不僅業績卓越，還經常合作，共同策劃行銷活動，為公司帶來穩定的業務增長。然而，某天高層管理者的一項決定，卻讓這段合作關係變得微妙。

公司計劃在行銷部增設「市場總監」一職，全權負責部門營運。令人意外的是，這個職位的候選人只有小凱與志文兩人，最終選擇權則交給了他們自己。這樣的安排讓兩人陷入尷尬的局面——誰該爭取？誰該退讓？他們開始對彼此產生防備心理，原本無間的合作也變得生疏，甚至在團隊內逐漸形成兩個不同的陣營，影響了整體工作氛圍。

這種情況在職場中並不罕見。管理層的一個決策，若未經

周詳考量，可能無意間加劇員工之間的競爭與不信任，導致團隊分裂。優秀的管理者應當在決策前充分考慮員工的情感與團隊氛圍，並設計更具透明度和公平性的競爭機制，以確保團隊能夠在良性競爭中共同成長，而非陷入內耗。

## 管理者如何應對負面情緒？

面對員工的負面情緒，管理者應該採取合適的措施來轉化這些情緒，使其成為激勵和前進的動力。以下是三種可行的策略：

### 1. 公開選拔，提升公正性

進行公開選拔並設立明確的考核指標，可以讓員工們在公平的競爭中展示自己的實力。這樣不僅能減少內部矛盾，還能確保選拔過程的透明與公正。管理者可以設置如銷售業績、競聘演講、公開答辯等指標，並邀請其他部門的領導和專家進行評選，保證選拔結果不受偏見影響。這樣的做法能夠有效化解員工之間的矛盾，並且讓所有人都能在公平的環境中發揮才能。

### 2. 直接任命，迅速決策

如果情況急需解決，管理者可以直接根據自己的判斷進行任命，避免事態繼續惡化。這種做法能夠迅速做出決策，避免員工長時間處於不確定狀態，從而減少焦慮和猜測。雖然這樣的決策可能會引發一些不滿，但作為主管，應該堅持做出符合公

司利益的選擇,並且盡快處理問題,避免影響團隊的士氣和工作效率。

### 3. 外聘負責人,減少內部矛盾

如果管理者發現兩位內部候選人都不符合要求,或者難以做出選擇,可以考慮外聘一位銷售部門負責人。這樣做雖然可能會引起內部員工的不滿,但從長遠來看,外聘能帶來新鮮的視角和思維,有助於改變團隊的運作模式。管理者應該在外聘決定後,與內部員工進行溝通,表達自己的難處並安撫情緒,同時肯定他們的貢獻,讓員工理解這一決策的必要性。

## 將負面情緒轉化為動力

不論是競爭壓力、角色模糊還是團隊分裂,負面情緒本身並非一無是處。事實上,這些情緒可以成為推動行動的動力。管理者應該學會從員工的情緒中發現潛在的能量,將這些情緒轉化為積極向上的動力源泉。這不僅能促進員工的個人成長,還能提升團隊的凝聚力和整體效率。

## 情緒管理與團隊激勵

在工作中,情緒是無法避免的,關鍵在於如何管理和轉化它們。管理者應該學會正確處理員工的負面情緒,並利用這些情緒激發積極的行動和動力。透過公開選拔、迅速決策或外聘

負責人等方式,管理者可以有效應對員工間的矛盾,轉變負面情緒為正能量,最終促進企業和員工的共同成長。

## 02 激勵員工：打造高效團隊的關鍵策略

# *03*
# 團隊凝聚力：企業成功的基石

　　團隊凝聚力是企業能夠長久發展、持續創造價值的關鍵基石。一個具備高凝聚力的團隊，不僅能在挑戰中保持穩定，還能提升員工的歸屬感與工作效率，進而促進企業的整體競爭力。本章將探討如何建立信任、強化溝通、培養共同目標，讓團隊成員相互支持、協同合作，打造一個能夠共創卓越成果的高效組織。

## ▎團隊凝聚力：企業成功的基礎

　　在現代企業管理中，團隊的力量是無法估量的。正如一句古話所說：「兄弟齊心，其利斷金。」企業的發展依賴於每一位員工的合作與努力，而團隊的凝聚力是實現這些的核心。無論是短期目標還是長期發展，擁有強大的凝聚力的團隊能夠在激烈的市場競爭中立於不敗之地。

　　凝聚力不僅能維持企業的基本運作，更是發揮企業潛力、提高效率的關鍵因素。企業管理者應該著力提升團隊的凝聚

## 03 團隊凝聚力：企業成功的基石

力，透過各種手段激發員工的積極性與創造力，讓大家朝著共同的目標努力奮鬥。

## ◎案例：台積電如何透過企業文化打造強大團隊凝聚力

台灣積體電路製造公司（TSMC，台積電）作為全球半導體產業的領導者，能夠在競爭激烈的市場中穩居龍頭地位，不僅是因為技術領先，更是因為擁有高度凝聚力的團隊文化。台積電的成功，與其「誠信、專業、創新、客戶信任」的企業精神密不可分，這些核心價值不僅指導著技術研發，也深深影響著團隊的運作方式。

### 1.「團隊至上」的文化，讓個人能力最大化

台積電創辦人張忠謀曾強調：「台積電的成功，來自於團隊，而非單打獨鬥。」在台積電，工程師之間的合作至關重要，公司鼓勵員工知識共享、互相學習，而不是各自為政。例如：在技術研發的過程中，台積電採取「交叉團隊合作（Cross-Functional Teams）」，不同領域的專家共同解決問題，這種方式不僅提升創新能力，也加強了團隊成員之間的信任與合作。

### 2. 高標準的管理，凝聚向心力

台積電的工作環境以高效與紀律著稱，但同時也非常注重員工發展與團隊精神。例如：公司實施「技術傳承計畫」，由資深工程師帶領新進員工，確保專業知識不斷延續，並且讓新人

能夠快速融入團隊，形成良性循環。此外，公司也提供全球輪調與學習機會，讓員工在不同的技術與文化環境中成長，進一步強化團隊的多元性與凝聚力。

### 3. 危機時刻，全員團結迎戰

2020 年，全球半導體供應鏈面臨晶片短缺危機，許多車廠與電子公司向台積電尋求支援。在這種緊急狀況下，台積電內部迅速動員，團隊成員日以繼夜地優化生產計劃，確保晶片能夠及時供應給客戶。這次危機中，台積電展現了強大的團隊凝聚力與應變能力，並進一步鞏固了其全球半導體產業的領導地位。

### 4. 以團隊為核心，打造無可取代的競爭力

台積電的成功並非偶然，而是來自於其強大的團隊精神、嚴謹的管理制度與高度合作的企業文化。透過知識傳承、跨部門合作與共同應對挑戰，台積電打造了一支全球頂尖的半導體團隊，確保企業在競爭激烈的市場中始終保持領先地位。這個案例證明，當企業能夠建立強大的團隊凝聚力，就能夠在任何挑戰下保持競爭優勢，並持續創造卓越的成果。

## 凝聚力與效率的關係

根據多項研究顯示，凝聚力強的團隊不僅效率更高，而且在企業發展中能發揮重要的影響。凝聚力強的團隊能夠超越個人

的力量,將每一位員工的潛力發揮到極致。管理者需要理解,凝聚力是提高員工使用價值的一種手段,員工也會在這樣的環境中實現自我價值。

## 企業凝聚力的來源

那麼,如何培養企業的凝聚力呢?企業管理者需要從以下幾個方面入手:

### 1. 共同願景的設定

每一個成功的企業,都擁有清晰且具吸引力的願景。企業不僅要有短期的工作目標,還要擁有一個長期的發展規劃,這個規劃要讓全體員工感受到希望。企業管理者需要將這些目標與員工進行充分的溝通,確保每一位員工都能理解企業的願景並為之奮鬥。

### 2. 主管的人格魅力

優秀的領導者能夠透過自身的人格魅力吸引和激勵員工。很多成功企業的背後,都是由那些具有強大人格魅力的領導者所帶領。他們能夠凝聚團隊的力量,帶領員工共同達成目標。主管的魅力來自於誠信、決策力和關懷員工的態度,這些都能夠幫助建立強大的企業凝聚力。

### 3. 公平的福利待遇

福利待遇在一定程度上影響員工的工作動力，尤其是物質激勵對員工的吸引力非常大。企業應該提供公平的薪酬制度，並確保所有員工都能根據自己的貢獻得到相應的回報。這樣不僅能提高員工的滿意度，還能讓員工更有動力投入到工作中。

### 4. 學習型組織的建立

除了物質上的激勵，企業應該鼓勵員工學習與成長。建立學習型組織，提供員工培訓與發展的機會，讓員工能夠在工作中不斷提升自身的專業技能與知識。這不僅能提高員工的工作效率，還能增強他們對企業的歸屬感。

### 5. 人性化管理

人性化管理強調員工的關懷與交流，而非僅僅將員工視為工具。管理者應該關心員工的生活與工作狀況，創造一個和諧、互相尊重的工作環境。這樣的管理方式能讓員工感受到企業對他們的重視，從而激發他們的工作熱情與創造力。

### 6. 安全、優美的辦公環境

一個安全、舒適的工作環境能夠提升員工的工作效率和積極性。企業應該為員工提供良好的工作條件，這不僅有助於提高員工的工作滿意度，還能增強員工對企業的認同感。

### 7. 員工參與

員工參與是企業實現民主化管理的有效途徑。員工在一線工作，對工作流程與問題有更深入的了解，管理者應該鼓勵員工參與決策過程，提供他們更多發表意見的機會。這樣不僅能幫助企業做出更合理的決策，還能讓員工感受到自己對企業發展的貢獻。

## 凝聚力是企業成功的關鍵

總結來看，企業的凝聚力直接影響員工的積極性、創造力及整體工作氛圍。管理者應該從共同願景的設定到福利待遇、學習型組織建設等方面全面提升團隊凝聚力，從而達到提高企業效率和實現長期發展的目標。只有當企業凝聚力強，員工凝心聚力時，企業才能在激烈的市場競爭中脫穎而出，實現可持續的成功。

# 提高工作滿意度與生產力

## 關心下屬，改善工作與生活的平衡

企業的成功不僅來自於員工的努力工作，還來自於員工在工作中的滿意度與幸福感。當下屬的家庭生活和個人需求受到

忽視時，無論管理者如何讚美他們的工作成就，這些讚美也難以帶來持久的動力。因此，企業管理者應該關心員工的日常生活，尤其是員工的家庭狀況與生活品質。這不僅是員工的基本需求，也是提升工作滿意度和生產力的重要手段。

## ◎案例：科技公司的「員工之家」計畫

在一家新創科技公司，由於業務擴展迅速，許多員工來自外地，不少人是單身或與家人分隔兩地。長時間的高強度工作，加上生活上的種種不便，讓部分員工感到壓力倍增。公司高層察覺到這個問題後，決定推動「員工之家」計畫，透過一系列貼心舉措，提升員工的幸福感與歸屬感。

首先，公司設立了免費員工餐廳，每天提供營養均衡的餐點，讓員工無需再為三餐煩惱。其次，企業在辦公區域內設立了休息室與娛樂區，包括簡單的健身設施、桌球、按摩椅，讓員工能在忙碌之餘放鬆身心。此外，公司還定期組織家庭日與外地員工關懷計畫，提供機票補助或安排員工親屬來訪，幫助員工減少與家人分離的孤獨感。

這些舉措不僅提升了員工的生活品質，也讓他們對公司產生了更深的歸屬感。許多員工主動加強團隊合作，工作效率顯著提升，公司整體業績也因此穩步成長。這樣的例子證明，當企業真正關心員工的生活需求時，員工自然會回報以更高的敬業度與忠誠度，形成雙贏的局面。

03 團隊凝聚力：企業成功的基石

## 平衡工作與生活的重要性

許多企業員工面臨過度勞累和工作壓力大的問題，這種「過勞」現象直接影響員工的生理與心理健康。根據調查顯示，長時間的超負荷工作、缺乏運動和狹窄的社交圈，已經成為員工健康隱患的根源。管理者應該積極推動員工在工作和生活之間取得平衡，為員工提供更多的支持和關懷。這可以透過組織娛樂活動、提供心理諮詢服務和幫助員工擴展社交圈等方式來實現。

### ◎案例：星巴克創辦人霍華德・舒爾茨的員工關懷

星巴克創辦人霍華德・舒爾茨（Howard Schultz）一直以來都強調「以人為本」的經營理念，並深信企業的成功來自於對員工的尊重與關懷。

有一次，舒爾茨在門市巡視時，注意到一名咖啡師在製作咖啡時略顯心不在焉。他並未立即責備對方，而是主動找機會與這名員工交談，關心對方是否遇到困難。交談中，他得知這名員工的家人生病，導致他無法專心工作。舒爾茨不僅表達了理解，還親自協助員工申請星巴克的醫療福利計畫，確保其家人能夠獲得適當的醫療照顧。

這樣的關懷舉動，讓該員工深受感動，重新燃起對工作的熱情，而這份故事也在星巴克內部廣為流傳，進一步強化了公司的企業文化。舒爾茨的做法證明，對員工的尊重與關懷，不

只是表面的管理技巧,而是一種真正影響企業凝聚力與生產力的關鍵因素。

## 員工關懷,提升企業凝聚力

企業的凝聚力往往源於管理者對員工的關心和支持。企業不僅應該關心員工的工作表現,更應該關心他們的生活品質。員工在工作和生活上都感受到企業的關懷時,會更有動力投入工作,並且提高整體的生產力。

例如:寶鹼公司推行了「更好工作,更好生活」的活動,提供員工靈活的工作時間、免費的按摩服務,並且重視工作結果而非工作過程中的時間消耗。這樣的做法,不僅能幫助員工減少過勞現象,還能讓他們在輕鬆愉快的環境中發揮更大的潛能。

## 關心員工的日常生活,提升工作效率

管理者應該時刻關心員工的生活需求,幫助他們平衡工作與生活。員工的工作滿意度與他們的生活品質密切相關,只有在工作和生活得到平衡的情況下,員工才會充滿動力並為公司創造更高的價值。企業應該制定有效的員工關懷措施,為員工提供更多的支持和關心,從而提升企業的凝聚力與生產力,達成企業的長期發展目標。

## 03 團隊凝聚力：企業成功的基石

# ▌提升企業效率與員工滿意度

### 優化工作氛圍，提升生產力

安德魯・卡內基曾說：「帶走我的員工，把我的工廠留下，不久後工廠就會長滿雜草，拿走我的工廠，把我的員工留下，不久後我們還會有一個更好的工廠。」這句話強調了員工對企業的重要性。在現代企業中，雖然管理者常常受到關注，但真正能夠直接影響公司業績和發展的是那些與客戶直接接觸、在基層工作的員工。管理者應該更加關注如何創造寬鬆、積極的工作環境，從而激發員工的潛能，達成更高的工作效率。

## ◎案例：Airbnb 如何透過工作氛圍提升生產力

Airbnb 作為全球共享住宿平臺的領導者，能夠快速崛起，除了創新的商業模式外，其以員工為核心的企業文化也是關鍵因素。Airbnb 深信，只有當員工感到被尊重與重視時，他們才會願意投入更多熱情，為公司創造價值。

1. 以「家」為核心的企業文化，打造歸屬感

Airbnb 的品牌精神強調「讓世界各地的人都能找到家的感覺」，這不僅適用於用戶，也深深影響了公司的內部文化。他們將總部辦公室設計成一個充滿「家的氛圍」的空間，每個會議室都根據不同國家的 Airbnb 房源風格設計，讓員工在辦公時也能

感受到旅行與歸屬感。這樣的設計不僅提升了員工的舒適度，也激發了創造力與工作熱情。

## 2.「開放透明」的管理方式，增強信任與合作

　　Airbnb 的 CEO 布萊恩・切斯基（Brian Chesky）非常注重內部的開放與透明，他會定期與員工舉行「全員大會（All-Hands Meeting）」，分享公司的最新發展、挑戰與願景，甚至鼓勵員工直接向高層提出問題。這樣的做法讓員工感受到自己是公司的一部分，而非只是執行者，進一步提升了企業內部的凝聚力與生產力。

## 3. 工作與生活平衡，提升長期績效

　　Airbnb 也鼓勵員工擁有良好的工作與生活平衡（Work-Life Balance），提供遠距工作選項、帶薪旅行補助，甚至允許員工在全球各地的 Airbnb 房源中辦公，讓他們能夠在不同環境中激發創意。這些福利不僅提升了員工滿意度，還讓他們在高壓的科技產業中保持穩定的生產力。

## 4. 良好工作氛圍：提升員工投入度，驅動企業成功

　　Airbnb 的成功證明，良好的工作氛圍可以直接影響員工的生產力與創造力。當企業提供歸屬感、透明的管理方式以及健康的工作與生活平衡時，員工將更願意投入工作，最終為企業創造更大的價值。

03 團隊凝聚力：企業成功的基石

## 有效的激勵機制

激勵員工的方式不僅限於物質獎勵和簡單的口頭表揚。隨著社會發展和員工心理的變化，管理者應該採取更為靈活和多樣化的激勵方式：

### 1. 獎勵激勵

獎勵是一種對員工工作成果的肯定，能夠增強員工的自我價值感。結合物質獎勵與精神激勵，能達到最大的效果。員工在得到肯定時，能夠感受到尊重與信任，這會激勵他們更積極地投入工作。

### 2. 目標激勵

隨著公司發展，員工可能會逐漸產生知足感。這時，管理者需要設立新的挑戰和目標，激勵員工持續前進。透過設置新的目標，能夠激發員工的動力，讓他們對工作保持高度的熱情。

### 3. 榜樣激勵

在團隊中發現並樹立榜樣，能夠以身作則，激勵其他員工。榜樣的力量是巨大的，能夠激發員工努力向榜樣學習，提升整體工作效率。

4. 關懷激勵

關心員工的身心健康，並在工作中給予他們支持和理解，也是一種有效的激勵方式。管理者可以透過適時的問候、鼓勵或小小的關懷，來提升員工的工作滿意度。

## 人性化管理：關心員工的需求

管理員工不僅是指揮和監督，更重要的是與員工進行有效的溝通與協調。每位員工的需求都不相同，管理者應該充分理解並尊重他們的需求，在滿足大多數員工利益的同時，也要處理個別問題。當員工感受到管理者的關懷與理解時，他們會更願意付出努力，共同實現企業目標。

管理者還應該在適當的時候表達對員工的祝福，並且透過簡單的問候、表揚或一次握手來促進情感交流，這樣能夠增強員工的歸屬感。

## 創建積極向上的企業文化

企業文化的建設對於凝聚員工的力量具有重要作用。一個互相信任、積極向上、具有強大凝聚力的企業文化能夠提高員工對企業的忠誠度，激勵員工的工作熱情。管理者應該注重誠信建設和學習型團隊的培養：

## 03 團隊凝聚力:企業成功的基石

▶ **誠信文化**

美國知名高端百貨公司諾德斯特龍(Nordstrom)以卓越的客戶服務聞名,而這背後的關鍵,在於企業對員工的高度信任。

諾德斯特龍的管理層始終相信,當員工感受到來自公司的信任時,他們會更主動、更負責地為顧客提供最好的服務。因此,公司實施了一項「極致退貨政策」——即便顧客沒有收據,甚至購買記錄無法查證,員工依然有權決定是否接受退貨,而不需要經過層層審批。這項政策的核心理念,就是充分信任員工的判斷力,讓他們擁有足夠的權限來解決顧客的問題。

這種做法極大地激勵了員工的積極性,使他們更願意主動服務顧客,提升了顧客滿意度,也為公司贏得了極佳的口碑。諾德斯特龍的信任文化證明,當企業選擇相信員工時,員工會回報以更高的忠誠度與工作熱情,進而促進企業的長遠發展。

▶ **學習型團隊的建立**

企業應該鼓勵員工持續學習和提升自己,為員工提供發展機會。建立學習型團隊,能夠促使員工不斷提升專業技能,並且有助於企業的長期發展。學習型團隊也能夠在困難時刻相互幫助,合作共贏。

## 營造和諧的工作環境

　　一個和諧、舒適的工作環境對員工的心理健康和工作效率至關重要。企業應該不僅重視物質條件的建設，還要注重軟環境的塑造。管理者應該作為軟環境的建設者，關心員工的需求並創造一個積極的工作氛圍。

　　例如：一些公司設立了員工按摩室或提供免費水果，這些舉措不僅能夠幫助員工緩解工作壓力，還能提升員工的滿意度，進而提升整體工作效率。

## 良好氛圍成就高效率

　　企業的成功離不開良好的工作氛圍。創建一個充滿關懷、信任和支持的環境，能夠提升員工的工作滿意度與效率。管理者應該關心員工的需求，建立積極向上的企業文化，並且不斷調整激勵機制，激發員工的潛能。只有這樣，企業才能夠在激烈的市場競爭中脫穎而出，實現可持續發展。

## 03 團隊凝聚力：企業成功的基石

# *04*
# 自我控制：
# 管理者不可或缺的核心能力

在高度競爭與壓力巨大的職場環境中，自我控制是管理者不可或缺的核心能力。情緒失控、衝動決策或過度干預團隊，往往會影響組織運作，甚至導致士氣低落與績效下降。優秀的管理者能夠在壓力下保持冷靜，理性應對挑戰，並以穩健的態度帶領團隊前行。本章將探討如何培養自我控制能力，包括情緒管理、決策理智與自律思維，讓管理者能夠更有效地領導團隊，推動企業邁向成功。

## 自我控制：管理者的必備素養

每個人都有情緒，而如何管理和控制這些情緒，對管理者來說是至關重要的。無論面對工作中的壓力還是挑戰，情緒的波動如果不加以控制，不僅會影響工作效率，還會損害他們在團隊中的形象。管理者若在問題發生時，第一反應是發脾氣而非冷靜解決問題，那麼他們不僅無法有效處理問題，還會留下無

## 04 自我控制：管理者不可或缺的核心能力

能和不成熟的印象。

一位真正成功的領導者，必須具備強大的自我控制能力。這種能力不僅表現為冷靜和理智的行為，還能幫助領導者在面對壓力時，理性地做出決策，而不是讓情緒支配行動。自我控制是一種生活中的基本要求，尤其對管理者而言，更是成就事業和取得成功的關鍵。

## 自我約束：成功的內在驅動力

巴拉克・歐巴馬（Barack Obama）在擔任美國總統期間，多次展現高度的自我約束與情緒管理能力，尤其是在面對挑釁和批評時，總能保持冷靜、理性地應對，這使他贏得了許多人的尊敬。

2015 年，歐巴馬在白宮主持一場 LGBTQ+ 活動時，一名抗議者突然高聲打斷他的發言，批評他的移民政策，並拒絕停止叫喊。面對這一突發情況，歐巴馬並未表現出惱怒或失控，而是微笑著抬手示意，並冷靜地說：「這是我的家，你應該尊重它。」他隨後補充道：「你來到我的家，我已經給你發言的機會，但這並不代表你可以無限制地打斷他人。」最終，他請安保人員將該名抗議者帶離，而整個過程中，他始終保持鎮定，沒有發火，也沒有讓自己的情緒影響現場氣氛。

這種自我約束的態度，展現了一位領導者在壓力與挑戰下的成熟應對能力。若他當時選擇憤怒反擊，可能會讓媒體放大

事件、影響公眾觀感。然而，他選擇用尊嚴與理智化解衝突，這不僅維護了自己的形象，也讓更多人看到了一位真正領袖應有的風範。這個案例再次證明，自我約束是一種強大的領導力，它能讓人在複雜的局勢中保持冷靜，做出最恰當的決策。

## 情緒管理：領導力的重要表現

在實際工作中，自我約束能夠直接影響到管理者的領導力。例如：當面對員工的失誤時，若能保持冷靜，耐心指導，反而能激發員工的積極性，而非讓員工感到沮喪。這樣的領導方式會讓員工對管理者產生更大的信任，並提高團隊的凝聚力。

反之，如果管理者在情緒控制方面失敗，往往會將情緒轉嫁給下屬，造成不必要的矛盾與摩擦，甚至可能影響員工的士氣和工作效率。

## 自我約束與自我控制的區別

雖然「自我約束」與「自我控制」看似相似，但兩者之間還是有所不同。自我約束是一種持久的生活態度，是每一位成功人士都應具備的基本素養。它不僅僅是偶爾的控制，而是持續的努力與自我管理，幫助人們避免衝動行事，做出理智的決策。這樣的自我約束能夠幫助一個人在面對困難和挑戰時，保持冷靜，堅定不移。

04 自我控制：管理者不可或缺的核心能力

## 積極的自我約束：成功的長期保障

長期的成功來自於持續的自我約束。偶爾的自我約束能幫助人們解決一些眼前的問題，但若想長期保持優勢，則需要不斷地提高自我控制力，克服一時的情緒衝動，始終保持理智。成功的領導者都是具有強大自我約束能力的人，他們不僅能夠管理自己，還能夠激勵和引領團隊達成目標。

## 自我控制與成功密不可分

自我控制與自我約束對一個人和一個領導者而言，是達成事業成功的必要條件。管理者若能夠管理好自己的情緒，理智地處理各種問題，不僅能提升自身的領導力，還能帶領團隊實現共同目標。成功並非來自單一時刻的努力，而是源自於長期的自我控制與約束。只有持之以恆地保持這種自我管理的態度，才能在事業的道路上越走越遠，達到更高的成就。

# 從個人行為到組織文化，
# 透過好習慣提升團隊合作與績效

## 習慣的力量與管理

美國心理學家威廉・詹姆斯曾經定義過習慣的力量：「種下一個行動，收穫一種行為；種下一種行為，收穫一種習慣；種下一種習慣，收穫一種性格；種下一種性格，收穫一種命運。」這句話揭示了習慣對人一生的深遠影響。在團隊管理中，良好的工作習慣不僅能提高個人效率，還能促進整體團隊合作與業績的提升。

作為一名管理者，要有效地管理團隊，不僅需要專注於工作本身，還需要注重員工的行為習慣，透過有目的、有計畫的培養，促使員工逐步養成良好的工作習慣，從而在團隊中形成良性循環。

## ◎案例：微軟的「成長型思維」文化

微軟（Microsoft）曾因過於僵化的企業文化，導致內部競爭激烈，影響了創新與團隊合作。然而，當薩蒂亞・納德拉（Satya Nadella）於 2014 年接任 CEO 後，他決心改變公司的管理方式，從塑造員工的習慣入手，打造一個更具適應性和創新的企業文化。

納德拉推動了「成長型思維」（Growth Mindset）的理念，這是一種鼓勵學習與持續進步的習慣。他要求公司高層以身作則，

從過去的「知道一切」（Know-it-all）文化轉變為「學習一切」（Learn-it-all）的心態。他鼓勵員工接受挑戰、擁抱變化，並建立定期反思與回饋的機制。例如：公司在內部培養「學習日」（Learning Days），鼓勵員工持續學習新技能，並將「錯誤」視為學習過程的一部分，而非失敗。

這種習慣的改變帶來了顯著的影響——微軟從一家停滯不前的企業，逐步轉型為一個創新驅動的科技巨頭，市值在納德拉任內大幅成長，並且團隊內部的合作氛圍也得到顯著改善。這個案例證明，當管理者專注於培養員工的良好習慣時，不僅能提升個人工作效率，還能改變整個組織的發展軌跡，創造更大的價值。

## 了解習慣的形成與改變

習慣的養成是循序漸進的過程，通常需要 21 天到 90 天的時間來形成穩定的行為模式。因此，培養下屬的好習慣需要長時間的堅持和有計劃的引導。根據美國科學家的研究，重複行為至少 21 次以上，便能將其內化為一種習慣。因此，作為管理者，要耐心並有策略地幫助員工養成良好的行為模式。

在培養習慣的過程中，尤其需要注意的是，好的習慣總是伴隨著積極的意圖和目標，而不良習慣的改變則需要更多的時間和努力。當員工的行為習慣不當時，管理者需要運用適當的方式去進行調整，並確保這些改變對員工的工作表現和團隊的整體效率有正面影響。

從個人行為到組織文化，透過好習慣提升團隊合作與績效

# 如何培養下屬的良好工作習慣

## 1. 專注於行為方面

在培養良好工作習慣時，管理者應該專注於員工的行為，而非僅僅是工作結果。這意味著需要指導員工如何高效地完成工作，而不僅是專注於工作成果。比如：員工在工作中如何有效管理時間，如何保持工作環境整潔，如何避免無意識的拖延，這些行為本身對工作效率有著重要影響。

## 2. 判斷問題的嚴重性

在糾正不良工作習慣時，管理者首先要判斷該行為是否會影響員工的工作表現，是否會干擾到其他同事的工作，是否違反了公司的規章制度。這樣有助於管理者精確把握問題的嚴重性，並對症下藥，避免過度處理一些較小的問題。

## 3. 改善習慣的好處

改變不良習慣的過程雖然具有挑戰性，但其帶來的好處是顯而易見的。改善習慣後，員工的工作效率會提高，團隊士氣會提升，工作環境會變得更加有序與協調。良好的工作習慣能夠提高團隊的凝聚力，使整體工作流程更加順暢。

## 4. 觀察情況，適時採取行動

有時員工的習慣可能並未造成直接的問題，但如果這些習慣在未來可能引發麻煩或影響團隊運作，管理者應及時提出並

加以改進。在這樣的情況下，管理者需要做出判斷，是否該提出來討論或進行改變，並確保自己的行動符合公司政策和程序。

### 5. 維持明確的目的

在與員工討論改善工作習慣時，管理者需要確保員工理解改變的必要性和目的。這樣可以幫助員工更好地理解為什麼改變工作習慣對他們自身、對團隊、對公司的長期發展是有利的。保持友好的討論氛圍也非常重要，這有助於員工更願意接受建議，並積極參與改變過程。

### 6. 採納員工的意見

要讓員工改變工作習慣，最有效的方法之一就是讓員工自己提出改進方案。這樣不僅能讓員工感受到被尊重，還能提升他們的自信心。當員工參與到改進過程中，他們會更有動力去落實這些改變，並在實踐中發揮更大的作用。

## 培養良好習慣，助力團隊成功

培養良好的工作習慣是一個長期而持續的過程。對於管理者而言，幫助員工養成良好的行為習慣，將大大提升團隊的工作效率和凝聚力。在這一過程中，管理者需要運用耐心與策略，從員工的行為入手，透過建立明確的目的和積極的激勵機制，幫助員工逐步養成對工作有益的習慣，最終達成團隊整體目標的實現。

# *05*
# 尊重與管理：激發員工潛能的關鍵策略

　　尊重是管理的基石，唯有尊重員工的價值與需求，才能真正激發他們的潛能，讓團隊發揮最佳效能。當管理者以尊重為前提，結合有效的管理策略，不僅能提升員工的工作滿意度，還能強化企業的向心力與競爭力。本章將探討如何在職場中建立尊重與信任的文化，透過公平對待、開放溝通與適當授權，營造一個讓員工願意投入、全力以赴的高效工作環境。

## ▌不同性格員工的管理策略

　　在企業管理中，每個員工的性格和行為習慣各不相同。作為一名管理者，如何針對不同性格的員工採取相應的管理策略，並幫助他們發揮最大的潛能，成為了一項重要任務。這不僅有助於員工的職業發展，也能提升整體團隊的合作能力和工作效率。

05 尊重與管理：激發員工潛能的關鍵策略

## ◎案例：微軟如何根據不同性格員工制定管理策略

微軟（Microsoft）在薩蒂亞・納德拉（Satya Nadella）接任 CEO 後，成功轉型為一個更具創新性與適應力的企業，其中一項關鍵策略就是因材施教，根據不同性格的員工制定適合的管理方式，讓每位員工都能發揮最大潛力。

### 1. 對內向型員工：提供安靜環境與個人發展機會

科技公司內有許多內向型員工，例如工程師、資料分析師，他們往往專注於個人工作，較少積極表達意見。微軟針對這類員工，設立開放但不強制社交的工作空間，讓他們可以選擇遠距工作或在安靜區域集中處理任務。此外，公司鼓勵內向型人才透過 Mentorship Program（導師計畫）參與小範圍討論，讓他們在較舒適的環境下發表想法，而不必在大型會議中感到壓力。

### 2. 對外向型員工：給予更多溝通與合作機會

對於行銷、業務開發等外向型員工，微軟則鼓勵他們參與跨部門合作，並提供更多主導專案的機會。例如：公司推出「Hackathon」（黑客松）競賽，讓這些擅長溝通與領導的員工組建團隊，共同解決企業內部的技術挑戰，發揮他們的合作與創造能力。這不僅提升了團隊間的默契，也讓外向型人才能在合適的環境中成長。

## 3. 對高自主型員工：授權決策，提升責任感

部分員工擁有強烈的自主性，希望在較少干預的情況下自由發揮。微軟對於這類員工，會提供更高的決策權，例如允許他們自主選擇專案、設定目標，甚至在某些技術團隊內，員工可以根據自己的興趣「內部轉職」，而不需要經過繁瑣的行政程序，這讓他們能夠在最適合自己的崗位上發揮潛能。

## 4. 對保守型員工：穩定發展與循序漸進的提升

有些員工性格較為謹慎保守，不太習慣頻繁變動。微軟為這些員工提供明確的職涯發展路徑，例如內部晉升計畫、技術認證培訓等，讓他們能夠在穩定的環境中成長，而不會因為變革過快而產生焦慮。

**靈活管理，不同性格員工皆能發揮潛力**

微軟的案例證明，企業若能夠**根據不同員工的性格特點調整管理策略**，就能讓每個人都在最適合的環境中發揮潛能，最終提升整體團隊的工作效率與創新能力。這種靈活的管理方式，使微軟不僅成功轉型，也在全球科技競爭中保持領先地位。

# 針對不同性格的管理方式

## 1. 顯示自己缺點為榮者

這類員工經常把自己的缺點公之於眾，並以此顯示自己勇於自我剖析的姿態。然而，這種過度曝光的自我表現可能會讓

他們的形象受損，並影響工作效率。管理者應該幫助他們調整這種心態，讓他們更專注於改進自己，而不是一味地在公開場合強調自身缺陷。可以透過一對一的交流來引導他們，幫助他們在自我反省的同時，也能發現自己的優勢和成長潛力。

### 2. 過度表現自己者

這類員工經常自誇自己，試圖引起他人的注意。他們常常過分強調自己的優點，但卻缺乏實際的能力支持。對於這類員工，管理者應該給予具體的目標和指導，幫助他們集中精力提升真實的能力，而不是停留在表面上。他們需要學會如何在低調中展現實力，而不是一味地宣揚自己。

### 3. 悲觀失望者

這類員工對事物往往抱有消極的態度，總是能找到事情的缺陷或風險。儘管他們的批評有時能幫助團隊冷靜思考，但過度的悲觀情緒會影響整體士氣。管理者可以透過設立挑戰性目標和正向回饋來引導這些員工，讓他們學會從積極的角度看待問題，並鼓勵他們提出建設性的解決方案，而不是僅僅指出問題。

### 4. 喜歡獨行者

這類員工通常具備高效的工作能力，但缺乏團隊合作精神。他們的個性往往使得他們在某些專業領域中表現出色，但也因此難以與他人合作。管理者應該關注他們的個人優勢，並適當安排他們參與團隊合作，同時鼓勵他們在共享資源和互動中學

習合作的重要性。這樣不僅能幫助他們提升團隊意識，還能促進他們在團隊中的價值發揮。

### 5. 口是心非者

這類員工往往只會說一些迎合上級和同事的話，但實際行動卻無法兌現。他們的行為可能會誤導他人，甚至對公司和團隊造成不必要的損失。對於這樣的員工，管理者應該進行直接的對話，了解他們的真實意圖，並強調誠信和行動的重要性。透過設立明確的績效指標和規範，管理者可以督促他們履行承諾，改正口是心非的行為。

### 6. 呆板固執者

這類員工工作踏實認真，對細節有高度關注，但有時過於固執，容易在細節上過於苛求，忽視整體合作。管理者應該幫助他們看到更大範圍的問題，並引導他們在追求完美的同時，也要考慮到工作效率和團隊合作的重要性。透過提供正確的引導，讓他們在保持高標準的同時，也能學會靈活調整自己的工作方式。

## 管理策略的總結

每一位員工的性格特點不同，管理者需要有針對性地制定管理策略，幫助他們發揮最大潛力。這不僅有助於員工的個人發展，還能增強團隊的凝聚力和工作效率。在管理過程中，管

理者應尊重每個員工的個性差異,並提供適當的指導和支持,讓每個員工都能在團隊中找到自己的定位,發揮出最好的表現。

## 職場中的尊重藝術:如何激勵員工,打造高效團隊

### 尊重自尊心:職場關係的基石

在職場中,自尊心是一個非常敏感且關鍵的問題。每個人都希望自己的努力和貢獻能夠被認可和尊重,而這種自尊心的滿足對於員工的工作積極性和整體職業發展至關重要。作為主管,理解並尊重下屬的自尊心,不僅有助於建立和諧的工作關係,也能夠促進團隊的凝聚力和效率。

### 職場自尊心的保護

管理者在與下屬互動時,要時刻謹記,無論下達什麼指令,都應該以一種尊重的態度來進行。這樣不僅能減少下屬的抗拒情緒,還能建立起相互信任的基礎。美國辛辛那提牢獄的負責人洛維斯曾經指出,即使是最惡劣的罪犯,也應該得到尊重,以保留他們的自尊心,讓他們有反思的機會。這一觀點在管理領域同樣適用。當主管在指導下屬時,如果能夠以一種尊重並理解的心態進行,就能有效避免傷害他們的自尊心。

## ◎案例：豐田的尊重文化
### 如何提升員工自尊心與工作效率

在全球製造業中，豐田（Toyota）以其卓越的管理模式和「尊重人性」的企業文化著稱。豐田不僅強調高效的生產管理，還特別注重保護員工的自尊心，並透過尊重與信任，讓員工自發性地為企業做出更大貢獻。

### 1.「尊重員工」是管理核心

豐田管理哲學中的「豐田生產方式（TPS, Toyota Production System）」不僅關注生產效率，還強調「尊重人（Respect for People）」的理念。管理層認為，員工不僅是執行者，更是改善生產流程的重要力量。因此，豐田從不採用嚴苛的命令式管理，而是鼓勵員工主動提出建議，並賦予他們「停止生產線的權利」。如果員工發現問題，他們有權按下「安燈系統（Andon）」的停止鍵，以確保產品品質，這使得基層員工感受到自己的專業被尊重，進而提升自尊心與工作積極性。

### 2. 以「請教」取代「責備」，提升員工自信

在許多企業中，當錯誤發生時，管理者往往會直接指責員工，甚至懲罰他們。然而，豐田的管理者在面對問題時，會選擇詢問員工：「我們可以怎麼改善？」而非責備：「你為什麼做錯？」這種做法讓員工不會因犯錯而感到羞辱，反而會主動參與解決問題的過程，從而強化他們的自尊心與責任感。

### 3.「現場主義」── 主管與員工並肩作戰

豐田的管理層堅持「現場主義（Genchi Genbutsu）」，即主管必須親自到生產現場與員工一起分析問題，而不是坐在辦公室發號施令。這樣的做法讓員工感受到自己與主管是合作關係，而非服從關係，進一步增強員工的歸屬感與自尊心。

**尊重員工才能激發潛力**

豐田的案例顯示，當企業在管理中重視員工的自尊心，並以尊重、請教與合作的方式來引導團隊時，員工的積極性、責任感與工作表現都會顯著提升。這種尊重文化不僅提高了企業的生產效率，也讓豐田成為全球製造業的標竿。

## 管理者的行為示範

### 1. 施以善意與幫助

當主管下達命令時，應該同時展現出善意與幫助的態度。這樣能讓下屬感受到自己被重視，不僅僅是被命令的對象。主管的這種行為不僅有助於工作順利進行，還能使下屬感受到更多的情感支持，從而提高工作的積極性。

### 2. 讓部下感到幸福

主管應該努力為下屬創造一個愉快的工作環境，讓他們感到不僅是為了工作而工作，還因為有良好的職場人際關係而滿

足。這種感覺能夠讓員工對工作充滿熱情,也能有效增強團隊的凝聚力。

### 3. 平易近人的態度

管理者的態度非常關鍵。過於威嚴或距離感強的態度,會讓下屬覺得無法接近,甚至對工作產生牴觸情緒。相反,平易近人的態度能夠讓下屬感到親切和尊重,從而更願意與主管溝通和合作。

### 4. 聽取下屬意見

在日常工作中,主管應該創造更多讓下屬發聲的機會。聽取下屬的想法和建議,不僅能夠提高員工的自信心,也能讓他們感到自己的價值被充分認可。這樣的互動不僅能夠促進工作的順利進行,還能在團隊內建立起相互尊重和支持的氛圍。

### 5. 共同分享下屬的喜悅與悲傷

主管與下屬建立良好的情感連繫,有時候不僅需要在工作中互動,還應該在生活中表達關心。無論是下屬的婚禮、家庭的成就,還是生活中的困難,主管的關心和參與,都能讓員工感到溫暖與支持。這種情感的互動能夠大大增強員工的忠誠度和團隊的凝聚力。

## 05 尊重與管理：激發員工潛能的關鍵策略

### 尊重是職場成功的關鍵

在職場中，尊重員工的自尊心是建立良好人際關係的基礎。管理者如果能夠在日常工作中尊重下屬的自尊心，理解他們的情感需求，並透過細膩的管理手段來關懷他們，就能夠打造一支高效、凝聚力強的團隊。這樣的團隊不僅能夠共同克服工作中的難題，更能在遇到挑戰時，主動發揮潛能，互相扶持，創造出卓越的成果。當每位成員都感受到來自團隊的尊重與支持時，便能提升工作滿意度，進而提高忠誠度與向心力，實現團隊的永續發展與個人的共同成長。

## 透過稱呼建立信任，
## 提升團隊凝聚力與職場影響力

### 名字的重要性：拉近心靈距離的捷徑

在職場中，名字是一個簡單卻極具力量的工具。無論是與客戶、同事還是下屬互動，能夠準確地記住對方的名字並在適當的時候使用，會顯得你對對方的關注與尊重。這種舉動會讓對方感覺到被重視，進而提升彼此的信任和親密感。

戴爾・卡內基在《人性的優點》一書中曾提到：「一種既簡單又有效的獲取好感的方法，就是牢記別人的姓名。」對職場中

的人際交往來說，記住名字不僅是一種基本的禮貌，更是一種情感投資，能夠在不經意間建立起良好的關係。

## ◎案例：霍華德・舒爾茨的人性化管理 ——
## 　　 用名字建立歸屬感

星巴克（Starbucks）的創辦人霍華德・舒爾茨（Howard Schultz）深知「記住名字」對於建立良好關係的重要性，這不僅適用於顧客，更適用於員工。他一直強調，星巴克的成功不僅來自於優質的咖啡，更來自於員工的歸屬感與熱情。

舒爾茨有一個習慣：他會努力記住門市員工的名字，無論是咖啡師還是清潔人員，當他走進門市時，總會親切地叫出員工的名字，並關心他們的近況。例如：有一次，他在訪問一家門市時，見到一名表現低落的咖啡師，他不僅記得對方的名字，還主動詢問：「凱文，最近還好嗎？上次聽你說妹妹生病了，現在好些了嗎？」這樣的關懷讓員工深受感動，感受到自己並非只是公司的一個「編號」，而是真正被尊重和重視的夥伴。

這種企業文化還延伸到了星巴克的顧客服務。許多門市的咖啡師會努力記住常客的名字，並在點單時主動稱呼對方，使顧客產生熟悉感，進一步提升品牌忠誠度。

這個案例顯示，「記住名字」不僅能拉近關係，更能營造歸屬感和信任感，對於企業的員工管理和客戶關係維護都具有深遠的影響。

05 尊重與管理：激發員工潛能的關鍵策略

## 如何有效記住名字

### 1. 集中精力聆聽

記住別人的名字首先要做到的是專心聽對方介紹自己。許多人在別人自我介紹時心不在焉，這是他們容易忘記名字的根本原因。當你專心聆聽並確保聽清楚名字後，再適當地請對方重複一遍，也能加深印象。

### 2. 使用聯想法與諧音

若對方的名字較為生疏或難以記憶，可以透過聯想或諧音的方式來記住。比如將對方的名字與其外貌、性格特徵或其他特徵建立連繫，這樣不僅能加強記憶，還能在談話中顯得更加自然。

### 3. 在適當時機使用名字

在與對方交談時，偶爾提及對方的名字可以有效地加深記憶，並讓對方感到親切。但需要注意的是，使用名字時要根據場合和語境，過於頻繁或不合時宜地使用名字可能會讓對方感到不舒服。

### 4. 記錄並鞏固

記住名字後，管理者可以將下屬的名字及其職位、特徵等簡單記錄下來，並抽時間回顧和加強記憶。這不僅能幫助在日常工作中與下屬建立更緊密的連繫，還能提高管理的效率。

## 記住名字的職場價值

　　牢記下屬的名字，能夠讓你在職場中建立起正面的形象，提升自己的領導力。當下屬感受到主管對自己有充分的關注和尊重時，他們會更加忠誠與投入工作，從而提升整個團隊的凝聚力和工作效率。

　　無論是與客戶、同事還是下屬的交流，記住名字是一項簡單卻極為重要的技巧。它能為你在職場中建立穩固的人際關係打下良好的基礎，幫助你在管理、領導及人脈拓展中取得更大的成功。

ID# 05 尊重與管理：激發員工潛能的關鍵策略

# *06*

# 好團隊需要好指揮：
# 領導力決定團隊成敗

　　一支優秀的團隊，離不開一位能夠掌握全局、引導成員發揮潛能的領導者。領導力不僅決定了團隊的運作方式，更影響著整體效率、士氣與最終成果。優秀的管理者懂得如何指引團隊目標、分配資源、解決衝突，並以自身的決策與行動影響團隊氛圍。本章將探討成功領導者的關鍵特質，以及如何透過策略性管理與溝通技巧，讓團隊運作更加順暢、高效，確保企業持續成長與發展。

## 從統一指揮到靈活分工，
## 提升組織運作效率與決策能力

　　一個成功的團隊離不開一位能夠做出決策並指揮全局的領導者。無論是傳統管理觀念中的「一個上級一個下屬」模式，還是現代企業組織中更靈活的分工方式，最重要的是確保有清晰的指揮結構和協調機制。

## 06 好團隊需要好指揮：領導力決定團隊成敗

傳統上，管理學強調統一指揮的原則，即每位下屬只能向一位上級主管報告工作，這樣可以避免衝突和重複工作。然而，在某些情況下，過於嚴格的統一指揮會妨礙工作的靈活性和效率，這時候可以根據實際情況進行調整。當組織變得複雜時，合理的分工和授權能夠讓團隊運行得更加高效。

### ◎案例：特斯拉的靈活指揮與決策機制

特斯拉（Tesla）的創辦人伊隆・馬斯克（Elon Musk）以極具挑戰性的管理風格著稱，他的企業文化既強調統一指揮，又保留了足夠的靈活性，讓組織能夠快速適應變化並高效運行。

在特斯拉，馬斯克曾明確表示：「如果你需要越過層級才能解決問題，那就是一個壞的管理體系。」這意味著，雖然公司有正式的管理結構，但他鼓勵員工直接與相關負責人溝通，而不必拘泥於傳統的「一個上級一個下屬」模式。例如：在生產線上，工程師可以直接向負責供應鏈或產品設計的高層反映問題，而不必逐層上報，這樣能極大地提升解決問題的速度，避免層級阻礙。

這種靈活的管理方式，使特斯拉能夠快速應對挑戰。例如：在 Model3 量產困難時期，馬斯克親自進駐工廠，並允許工程師直接與他溝通，以迅速解決瓶頸問題。他還經常授權不同部門自行決策，而不是讓所有決定都必須經過繁瑣的審批流程，這大大提高了企業的適應力與效率。

從統一指揮到靈活分工，提升組織運作效率與決策能力

這個案例顯示，在確保整體指揮架構清晰的同時，合理的分工與授權能讓企業運作更靈活高效，尤其是在快速變動的科技產業，這種管理方式更具優勢。

## 簡化組織結構

當組織規模變大時，合理的結構調整顯得尤為重要。比如：一個200人的公司，可以將其劃分為若干個部門，每個部門再進一步細分成科、組等。這樣不僅可以減少管理負擔，還能提高各層級之間的協調性，從而提升整體工作效率。

一個有序的層級結構對指揮和協調至關重要。例如：軍隊中常見的「三三制」編組方式，就是將一個大單位分成三個小單位，這樣每個指揮官能夠集中精力管理有限的人數，確保指揮的高效性。在企業中，這種編制方式也能夠實現良好的指揮與合作，使得每個成員都能發揮最大的潛力。

## 目標與責任的合理分配

在指揮和管理過程中，主管的首要任務是清楚地告訴下屬工作目標和期望，但同時也應該給予下屬一定的自主權，讓他們根據自己的專業能力和經驗來規劃具體的實施方案。這樣不僅能激發下屬的積極性，還能促使他們對自己的工作負責，進而提升整個團隊的表現。

## 06 好團隊需要好指揮：領導力決定團隊成敗

例如：團隊主管應該像一位登山向導，明確指引方向，設置好目標和期望，然後讓團隊成員自主完成各自的任務。這樣不僅能提升工作效率，還能增加下屬的成就感和滿足感，進一步促進團隊凝聚力的提升。

## 團隊合作的力量

在一個高效的團隊中，團隊成員之間的合作至關重要。每個成員的工作都需要與其他成員的工作互相配合，只有協同作戰，才能達到最好的結果。主管的角色不僅是分配任務，更是協調各方，解決衝突，並確保每個人都能在團隊中發揮最佳的作用。

同時，團隊的合作也依賴於信任與尊重。主管應該重視每個團隊成員的意見和建議，給予他們充分的發言權。這樣，員工會感受到被尊重，進而更加願意為團隊的成功貢獻自己的力量。

## 協調與領導的平衡

有效的協調是團隊成功的關鍵，而這需要主管具備良好的領導能力。從清晰的指揮結構到合理的目標分配，再到團隊成員間的密切合作，這些元素共同作用，能夠實現 $1+1>2$ 的效果。在這個過程中，主管應該扮演指揮者和協調者的角色，確保團隊朝著共同的目標邁進，並且在每個成員的潛力得到最大發揮的情況下，推動整體效率的提升。

# 信念的力量：領導者影響團隊的關鍵要素

信念，是一個人能夠克服困難、走向成功的關鍵。對於領導者而言，堅定的信念是管理工作的基石，是指導下屬前行的力量。當領導者對自己和團隊充滿信心時，他的每一個行動、每一句話語都能傳遞出積極向上的能量，並能感染周圍的人。

## 信念與管理

對於一個主管來說，信念不僅是個人能力的表現，更是影響團隊成員的重要因素。信念能夠幫助領導者在面對挑戰時保持冷靜，並帶領團隊攻克難關。強烈的信念會促使管理者無論面對多大的困難，都能保持專注並堅持自己的方向，最終引領企業走向成功。

## 信念如何感染他人

一個主管擁有堅定的信念，能夠帶來更高的工作積極性和合作精神。當團隊中的每個成員都能感受到領導者的信心時，他們也會對工作充滿信心，進而全身心投入工作。這樣的信念不僅能提高員工的工作效率，也能在員工心中建立對主管的尊敬和信任。

06 好團隊需要好指揮：領導力決定團隊成敗

# ◎案例：賈伯斯如何用信念感染蘋果團隊

史蒂夫‧賈伯斯（Steve Jobs）是全球最具影響力的企業領袖之一，他的堅定信念與遠見不僅改變了科技產業，也深深影響了蘋果（Apple）的團隊文化。賈伯斯始終堅信「科技與藝術的結合可以改變世界」，並透過強大的信念感染員工，激發他們的創造力與熱情。

### 1. 堅信「顛覆性創新」，帶領團隊挑戰極限

當蘋果在開發 iPhone 時，許多工程師對於完全取消實體鍵盤的概念感到懷疑，甚至認為這樣的設計不切實際。然而，賈伯斯堅信觸控技術才是未來，並不斷向團隊傳遞這種信念。他鼓勵工程師突破技術限制，並親自參與開發過程，確保產品能夠達到他的願景。最終，iPhone 成為顛覆手機產業的創新產品，證明了賈伯斯的遠見與堅持是正確的。

### 2. 以熱情感染員工，讓工作充滿使命感

賈伯斯不僅是一名管理者，更是一位充滿激情的演說家。他經常在內部會議上親自向員工闡述蘋果的使命與願景，讓員工感受到自己不只是「在工作」，而是在「改變世界」。這種對工作的使命感，使得蘋果的員工願意投入極大的努力，專注於打造卓越的產品。

## 3. 面對困難時的堅持，成為員工的榜樣

1997 年，賈伯斯重返瀕臨破產的蘋果，許多人認為這家公司已無法翻身。但賈伯斯依然堅定地告訴團隊：「我們還能創造偉大的產品！」在他的帶領下，蘋果縮減產品線、專注創新，最終推出 iMac、iPod、iPhone 等劃時代產品，將蘋果從破產邊緣帶回全球巔峰。這段歷程讓員工親眼見證了領導者的信念如何改變企業命運，進一步加深了他們對公司的忠誠與信心。

**信念是最強大的影響力**

當一位主管擁有強烈的信念，並能夠用熱情感染團隊時，員工將不再只是執行命令，而是會真正投入到企業的願景之中。賈伯斯的案例證明，信念不僅能夠提升團隊士氣與工作效率，更能夠推動企業突破困境，創造非凡成就。

## 信念與成功

如同拿破崙所說：「在我的字典裡沒有『不可能』的字眼。」信念正是激發出無限潛能的源泉。無論是在體育賽場上爭取第一，還是在商業競爭中爭奪市場份額，信念都是關鍵因素。當管理者在面對未知挑戰時，只有堅定的信念才能帶來最終的勝利。

## 主管的信念指引

1. **策略**：一個成功的管理者應具備未來視野，能夠在瞬息萬變的市場環境中提前做好部署。策略的制定應考慮到現在的情況，但更多是著眼於未來，掌握行業趨勢並提前做好準備。

2. **科學決策**：隨著企業發展的複雜性增加，領導者的決策方式也應該從直覺向科學化發展。建立一套有效的決策體系，將經驗和理論結合，是管理者實現科學決策的關鍵。

3. **危機感**：在快節奏的競爭環境中，管理者必須時刻保持危機意識。只有帶著「必勝」的信念，才能在挑戰面前保持冷靜，並帶領團隊突破瓶頸，迎接機遇。

4. **時效**：時間是一項有限的資源，管理者必須有效地利用每一刻，提升團隊的工作效率。高效的時間管理能夠促使工作效率最大化，為企業創造更多的價值。

5. **資訊**：在當今資訊化社會，資訊的獲取和運用至關重要。管理者必須擁有敏銳的資訊觸角，並將其轉化為企業的競爭優勢，這樣才能做出更加精確的決策，推動企業的發展。

## 信念帶來的力量

信念不僅是管理者克服困難的源泉，也是團隊成功的基石。當管理者能夠在任何情況下保持堅定的信念，並將這種信念轉化為具體行動時，無論是團隊的表現還是企業的發展，都將迎來

質的飛躍。信念的力量是無窮的，它能夠在挫折中找到機會，在困難中尋找到前進的道路，最終引領企業走向成功的彼岸。

## 企業規劃中的細節管理

在企業發展過程中，細節往往決定了成敗。儘管企業規劃通常集中於總體目標和策略，但忽略細節可能會導致不必要的錯誤和浪費。因此，企業主管在設計和執行規劃時，應該注重細節的優化與完善，而非僅僅停留在表面的規劃。

然而，我們需要認識到並非所有的細節都值得過度關注。在忙碌的經營過程中，主管應該專注於關鍵的細節，避免無謂的焦慮，並學會如何篩選那些能夠帶來價值的細節進行深入處理。對於那些不影響大局的瑣碎細節，則應該避免讓它們消耗過多時間和精力。

### 重點細節：關鍵線索的抓取

細節的處理並不是一味地強調所有事情都做到極致，更多的是在雜亂無章的環境中，能夠抓住最具價值的線索。正如偵探在現場尋找線索一樣，企業主管也應該在繁瑣的任務中找到關鍵的元素，並將有限的資源集中在這些能夠對業務成功產生重大影響的地方。

06 好團隊需要好指揮：領導力決定團隊成敗

## ◎案例：台塑集團如何透過細節管理打造卓越競爭力

　　台塑集團（Formosa Plastics Group, FPG）作為臺灣最具代表性的企業之一，其成功並非偶然，而是來自於對細節的嚴格管理與持續優化。創辦人王永慶以「成本精算、流程精細、品質精益求精」的管理哲學，帶領台塑從一家塑膠工廠發展為國際級企業，這種對細節的極致追求，成為台塑集團長期穩定成長的關鍵。

### 1. 生產流程的細節管理，降低成本提升效率

　　王永慶深信：「賺錢不是靠價格高，而是靠成本低。」因此，他在工廠內推行嚴格的生產細節管理，要求員工從原料使用、機械維護到庫存控管，每個環節都要做到極致。例如：台塑早期在生產塑膠粒時，王永慶親自研究如何減少原料浪費，他發現即使是塑膠粒掉落地面，若不即時回收，也會造成長期損失。因此，他規定廠區內所有可回收的原料都必須重新利用，並建立嚴謹的成本計算機制，這種細節管理模式，大幅提升了台塑的生產效率，讓企業在激烈的市場競爭中保持成本優勢。

### 2.「三分產品，七分包裝」── 細節決定市場競爭力

　　王永慶曾強調：「再好的產品，如果包裝或細節處理不當，顧客也不會買單。」台塑在拓展國際市場時，不僅注重產品品質，還特別關注包裝、物流與客戶服務的細節。例如：在塑膠原料出口時，台塑發現國外客戶要求產品外包裝不僅要防潮，還必須容易搬運，因此，台塑改良包裝材料，並優化裝箱方式，確保產品在

長途運輸過程中保持最佳狀態。這種對細節的重視，使台塑的產品在國際市場上獲得高度信任，成為許多跨國企業的首選供應商。

### 3. 長庚醫院 —— 從醫療服務細節提升品牌形象

台塑集團不僅在工業領域追求細節管理，在醫療事業上同樣強調服務品質。例如：台塑生醫與長庚醫院的經營模式，秉持著「病人第一」的理念，注重每一個醫療細節，從病房設計、藥品管理到護理服務，都力求精準。例如：長庚醫院內部實行電子病歷與自動化藥品分配系統，確保病患拿到的藥物劑量精確無誤，這種對細節的關注，大幅提升醫療品質與患者信任度。

**細節決定企業競爭力**

台塑集團的成功來自於對關鍵細節的極致管理，無論是生產、銷售還是醫療服務，都以精確計算、精細執行為核心策略。王永慶的經營哲學告訴我們：「真正的競爭力來自於對細節的極致掌控，企業只有在每個細節上不斷優化，才能在市場上立於不敗之地。」這種細節管理模式，讓台塑從臺灣走向世界，成為全球最具競爭力的工業集團之一。

## 企業主管的責任與角色

在企業中，若主管只注重宏觀的方向，而忽視了細節的管理，容易導致錯誤的決策和效率的降低。有些主管認為自己不必過於關注細節，因為下屬會處理好相關事務，而自己應該專

注於更大的策略決策。然而，這種想法忽視了細節對企業營運的影響。主管需要從總體方向出發，但更應深入了解並規劃實施的具體細節，這樣才能避免在實施過程中出現漏洞。

## 長期規劃：細化目標與行動

成功的企業領袖都知道，長期規劃是企業發展的基石。制定一個遠大的目標很重要，但更重要的是將這些目標具體化並分解為一個個可操作的小目標。這些小目標的達成不僅能激勵員工，也能在實施過程中提供清晰的方向和指引。

每一個企業都應該進行全面的分析，確定在實現目標過程中可能遇到的挑戰與機會，並針對性地制定相應的計畫。制定長期規劃的過程中，不僅要關注內部資源的整合，還要了解外部市場的變化，做好風險預測和應對策略。

## 具體的規劃步驟

1. **確立經營觀念與設定目標**：這是制定長期規劃的起點。需要明確企業的核心價值觀和總體目標，並將其具體化，分解為具體可執行的行動方案。

2. **進行環境預測與分析**：了解外部市場環境、競爭對手狀況以及未來趨勢，能夠幫助企業在策略制定時更加符合現實需求，減少風險。

3. **構思經營計畫概要**：根據企業的定位與環境預測，確定整體經營策略，並設計出具體的實施方案。

4. **設立個別部門計畫**：根據企業的總體規劃，為各部門設定具體的計畫和目標，明確責任人，並要求各部門按照計畫執行。

5. **設立階段性計畫**：根據公司整體規劃，將長期目標分解為短期的階段性目標，確保目標的實現步伐穩健且有條不紊。

6. **編制預算並實施**：根據各項計畫確定預算，並進行精確的資金分配，為計畫的實施提供資金保障。

## 每日、每週、每月、每季、每年的具體安排

一個完善的管理計畫不僅僅是長期的規劃，也應包含詳細的日常安排和執行步驟。這些安排能夠幫助主管和團隊清晰地了解每日的工作重點，並不斷檢討和調整計劃的執行情況。

- **每日**：設定當日要達成的主要目標，並根據重要性排列優先順序，確保工作的順利進行。
- **每週**：週末進行工作檢討，對照前週計畫，找出可以改進的地方，並設立下週的主要目標。
- **每月**：每月總結工作成果，調整下月計畫，明確每週的工作重點。
- **每季**：檢查季度目標的完成情況，並做出必要的調整，制定下一季的工作重點。

- **每年**：年底進行全面的工作總結，分析本年度的成敗得失，為來年的目標設定提供依據。

## 細節決定成敗

在企業規劃中，細節的管理是成功的關鍵。主管不僅要擁有遠大的目標視野，還要能夠將這些目標具體化，並落實到每一個細節上。透過精心設計和執行每一個步驟，並持續進行調整和優化，企業才能在競爭中保持領先地位，實現長期穩定的發展。

# *07*
# 寬容 —— 一個領袖的胸懷

真正的領袖不只具備卓越的能力，更要懂得寬容與包容。胸懷寬容，才能贏得團隊的忠誠與尊重，化解彼此的衝突與誤解，讓團隊更緊密團結。寬容不僅是一種美德，更是領袖智慧的展現，唯有如此，才能凝聚人心，共同邁向成功的願景。

## 給員工一條回頭路

每個人一生中，都會犯錯、說錯話或做錯事。在犯錯後，我們通常希望能得到他人的原諒，並希望過去的錯誤被遺忘。因此，當我們面對別人對我們不公的時候，應該設身處地、換位思考，給予理解和寬容。

在企業管理中，主管不應該草率地判斷員工的表現。因為每個人都會有低潮，會有情緒低落、無法完成工作時的時刻。而且，面對同樣的工作，有時候因為時機或負責人的不同，也可能出現失敗。因此，管理者應該給員工機會，並為他們提供改善的空間。

## 07 寬容——一個領袖的胸懷

有些主管在激勵員工時，會說：「現在是我們公司最關鍵的時刻，大家一定要努力加油！」這樣的話語一開始可能有效，但時間一長，員工會感到厭倦，努力的熱情也會減少。其實，當這樣的情況發生時，主管應該依照員工的個性進行個別指導，而不是一成不變地講同樣的話。

以遲到為例，我們應該如何處理？如果一個員工一年只有一兩次遲到，是否應該批評他？如果是因為家庭突發狀況或交通擁堵導致的遲到，該如何處理？在這種情況下，主管需要考慮每個情況的背景，而不是隨便發火。這樣的判斷過程非常複雜，並且可能會帶來不良後果。

那麼，該怎麼做才對？最好的方式是直接與員工溝通，了解真實情況。

## ◎案例：台積電如何給員工「回頭路」，激發長期價值

在高科技產業中，員工面臨極大的工作壓力，稍有不慎可能會犯錯。然而，台積電（TSMC）深知人才是企業最重要的資產，因此在管理上強調「以人為本」，並提供員工改正錯誤的機會，而非輕易放棄或嚴厲懲處。這種管理方式不僅提升了員工的忠誠度，也讓許多曾經犯錯的員工最終成為公司的重要支柱。

### 1. 不因一次錯誤而輕易否定員工

台積電內部流傳一個案例：一位資深工程師在處理晶圓生產流程時，因一時疏忽輸入錯誤數據，導致一批晶圓報廢，損

失高達數百萬元。這樣的錯誤在高精度的半導體產業是極為嚴重的。然而，公司並沒有因此立即開除該員工，而是召開檢討會議，分析問題發生的原因。最終發現，這次錯誤並非單純的人為失誤，而是因為當時的系統缺乏雙重驗證機制。台積電不僅沒有責怪員工，反而在他的建議下，改善了系統流程，防止同類錯誤再次發生。

結果，這位工程師因為獲得改過自新的機會，不僅更加努力，後來還成為研發團隊的重要成員。這個案例說明，管理者若能給員工一條「回頭路」，他們可能會用加倍的努力來回報公司。

### 2. 面對績效不佳的員工，提供學習與改善機會

台積電的管理層明白，每個員工都有自己的強項與弱點，因此，公司設立了「人才培訓計畫」，專門幫助那些短期內績效不佳的員工調整步伐。例如：一名新人因為壓力過大，導致在團隊中難以適應，公司沒有直接讓他離開，而是安排他進入「導師計畫（Mentorship Program）」，由資深同事協助他適應工作，幫助他強化專業能力。結果，他在第二年成功轉入適合自己的部門，並發揮了更大價值。

### 3. 以「溝通」代替「懲罰」，建立互信文化

對於遲到、效率下降等問題，台積電並不會單純採取懲罰制度，而是會主動與員工溝通，了解真正的原因。例如：如果

## 07 寬容——一個領袖的胸懷

一名員工因為家庭狀況影響表現,主管通常會提供彈性工作時間,讓員工能兼顧家庭與工作,這樣的方式既能解決問題,也能讓員工感受到公司的關懷,進一步提升忠誠度。

**寬嚴並濟,才能讓人才發揮最大價值**

台積電的案例顯示,企業在管理員工時,應該以「給機會而非一刀切的懲罰」為原則。當公司選擇理解員工的困難,並提供適當的學習與改善機會時,許多曾經犯錯或表現不佳的員工,反而能成為公司未來的重要資產。這種「給員工一條回頭路」的管理方式,不僅能提升團隊的穩定性,也讓企業在長遠發展中持續保持競爭力。

## 領導者的胸懷

古語有云:「宰相肚裡能撐船」,現代的主管應該能夠承載更多樣的情況和人群。管理者必須學會理解和團結各種不同性格的員工,即使他們曾經對你不敬,甚至是挑戰過你的權威,作為領導者,你必須維持平常心,學會放下過去的矛盾和分歧。

試想一下,當你走進一間百貨商店或飯店,如果服務員熱情接待,態度和藹,你一定會心情愉快。如果服務員冷漠、不理會你的需求,你可能會感到不快。此時,如果你選擇大聲爭辯,最終結果會是兩敗俱傷。冷靜下來後,或許你會意識到,這樣的衝突不值得。領導者應該有開闊的心胸,去接納並團結

各種不同的人，無論他們是否曾經對你有過意見。這樣，你才能匯聚集體的力量，推動公司業務和自身工作穩步發展。

## 寬容是領袖的必備素養

一個偉大的領袖擁有寬容的胸懷，能夠理解員工的錯誤並給予改過的機會。如果你的下屬指出你工作的不足，你會感到羞愧而反駁，還是能夠聽取批評，即便這些意見未必正確，也能表現出對他們的尊重和寬容？聰明的領袖會選擇後者，並且透過有效的溝通化解矛盾。每個團隊中，都不可能每一位成員都對你心服口服，會有些人可能會在背後做出一些對你不利的事，但這些都不必太過焦慮。關鍵在於，作為領導者，你要以包容的心態處理這些問題，與員工坦誠溝通，這樣的寬容會讓員工對你更有敬意，進而增強團隊凝聚力。

## 寬容是領導的力量

「己所不欲，勿施於人」這句話提醒我們，在對待他人時，應該保持寬容心態，並以身作則。只有在有權處罰而不懲罰，或者有能力報復卻選擇原諒的時候，這種寬容才顯得尤為珍貴。真正的領袖，擁有的是一顆大度的心，能夠包容他人，這也是衡量一個人成功的標準之一。

## 07 寬容——一個領袖的胸懷

### ▋有效應對員工抱怨：
### ▋管理者不可忽視的關鍵責任

員工抱怨是管理過程中常見的一部分，因為作為一名管理者，無法事事照顧到每一位員工的需求，偶爾會有疏漏。這時，如何處理下屬的抱怨成為管理者必須面對的一個重要課題。

作為管理者，如果處於負責人的角色，可能會覺得自己太忙，工作繁重，不應該浪費時間去聽員工的抱怨。你可能認為自己有太多的事要處理，像是成本控制、達成目標、提高效率、提升產品品質，以及參與無數會議等。此外，還會認為公司內有專門負責人事的部門，員工的薪資或工作條件問題應該由他們來解決。但這種想法是不正確的。其實，聽取員工的抱怨和關心他們的問題，是每個主管應該承擔的責任，也是最重要的責任之一。

### ◎案例：台積電如何耐心處理員工抱怨，
###　　　 提升工作滿意度

作為全球半導體產業的領導者，台積電（TSMC）擁有超過數萬名員工，在高壓且高標準的工作環境下，員工難免會產生抱怨。台積電管理層深知，若能耐心處理員工的抱怨，不僅能提升士氣，還能優化管理，進一步提高整體競爭力。

## 有效應對員工抱怨：管理者不可忽視的關鍵責任

### 1. 設立「員工意見回饋系統」，讓抱怨有出口

台積電內部設有「員工意見回饋機制」，讓員工能夠透過匿名管道或直接反映工作中的問題。例如：有員工反映「輪班制度過於嚴苛，影響工作與生活平衡」，公司便針對特定職位進行調整，提供更具彈性的輪班選項。此外，員工也可以透過內部信箱或專屬會議向管理層表達不滿，這種開放的溝通機制讓員工感受到自己的聲音被聆聽，而非被忽視。

### 2. 高層親自參與員工對話，展現誠意

台積電的高層主管，如前董事長張忠謀，過去曾多次強調「員工是公司最重要的資產」，因此，台積電的管理層並不會忽視基層員工的聲音。公司內部每季會舉辦「意見交流座談會」，由主管親自聆聽員工的疑慮與不滿。例如：在某次座談會上，有工程師反映「加班壓力過大」，管理層隨即著手檢討工作流程，並引進智能自動化技術，減少員工過勞的情況。

### 3. 透過制度改善，而非情緒性應對

當員工抱怨時，有些企業可能會選擇「安撫了事」，但台積電則以「解決問題」為核心。例如：過去有員工對食堂餐點品質提出批評，認為「長期輪班時，夜班餐點選擇過少」。管理層在收集到多名員工的意見後，立即改善餐點內容，增加更多元選擇，並定期檢討食堂服務品質，確保員工的需求能夠得到滿足。

## 07 寬容——一個領袖的胸懷

**抱怨是企業進步的契機**

台積電的案例顯示,管理者若能耐心傾聽員工的抱怨,並積極回應與改進,不僅能提升員工滿意度,更能優化企業管理,增強競爭力。處理抱怨的關鍵,在於不逃避、不敷衍,而是將其視為提升管理與改善制度的機會。這種做法,正是台積電能夠在全球市場保持領先的原因之一。

## 傾聽的藝術:破解下屬抱怨背後的管理智慧

下屬的抱怨通常以嘮叨和發洩不滿為主,這時管理者絕對不能視而不見,應該做一個耐心的聆聽者。要成為一位優秀的聽眾,管理者必須做到以下幾點:

### ▶ 專心聆聽

當員工找你談話時,最重要的是集中注意力聆聽他們的話語。這不僅是對他們的一種尊重,也是建立良好關係的基礎。在這幾分鐘的對話中,將所有的精力集中在他們身上,真正聽懂他們的心聲,這是管理者應該具備的基本能力。

### ▶ 忘掉自我

要成功地傾聽,你必須擺脫自我中心的態度。許多人過於關注自己的需求和想法,往往忽略了他人的感受。管理者需要訓練自己,在與員工交流時,將注意力完全放在對方身上,而不是自己的需求和想法。

有效應對員工抱怨：管理者不可忽視的關鍵責任

▶ **具備耐心**

耐心是聆聽的關鍵，尤其當你自己有急事時，聽員工的抱怨可能顯得非常困難。此時，管理者應該保持冷靜，避免急於做出回應或結論。真正的聆聽需要時間，並且要有耐性去了解背後的原因，而不是只關注表面。

▶ **關心他人**

如果管理者真正關心員工的福祉，那麼聆聽和理解他們的抱怨將變得更加真誠和有效。只有在真正關心下屬的情況下，管理者才能建立起穩固的關係，並且更好地處理他們的問題。

▶ **聽懂言外之意**

有時候，員工不會直接表達他們的不滿，而是透過一些非語言的方式來表達。作為管理者，你要學會觀察員工的言談舉止，理解他們的真正意思。例如：員工的語氣、肢體語言、面部表情等都能透露出他們未說出的心情。作為一位優秀的聽眾，你不僅要聽他們的話，還要觀察他們的非語言表達。

▶ **清晰的回應**

當你聽取員工的抱怨後，應該做出明確、正面的回應。對於員工的抱怨，不應含糊其辭或回避，應該清楚解釋原因，並表達改善的計畫。管理者應該給予員工合理的安撫，並及時做出改進，避免讓抱怨積壓，影響員工的情緒和工作氛圍。

## 聆聽的力量

聽取員工的抱怨並不僅僅是解決問題的過程，更是建立信任和關係的橋樑。管理者應該具備耐心和同理心，認真對待每一位員工的聲音。這樣不僅能幫助改善工作環境，也能提高員工的滿意度和工作效率，最終促進公司整體的發展。

## 以策略取代權威，打造高效且和諧的工作關係

每個人心中都會有某種程度的權力欲望，這是人類天性的一部分，能夠在生活中掌控環境，帶來心理上的滿足。許多企業主管在管理過程中，過於注重自己在員工心中的權威，期望所有下屬都能聽從指示，從而使自己成為團隊的主導者。然而，聰明的管理者明白，關鍵不在於是否施展權力，而在於是否能有效完成工作。因此，管理者應該將焦點放在工作成效上，而非過分追求權威。

### 權力的錯位與員工態度

有位負責大型出版集團的主管，管理著一個擁有上百名作家、編輯及畫家的部門。這些員工都非常聰明且富有創造力，

具備豐富的經驗。在這樣的團隊中，主管剛上任時，無法過度干預公司日常運作。在工作幾個月後，這位主管發現有一位編輯總是拖延重要的編輯任務。於是，他要求該編輯提供進度。但出乎意料的是，該編輯並沒有直接回應，而是給出了模棱兩可的理由。主管感到挫敗，決定強硬出手，用權力施壓，告訴編輯：「你必須照我的要求行事，因為你是為我工作。」

然而，編輯的回應讓主管十分意外：「你想得美。我並不是為你工作，我是為公司工作。你只是公司安排來的主管而已。」這句話讓主管反思自己在員工心中的地位。從那時起，他才明白，如果員工並不是忠心為他工作，那麼在員工心中的權威便是無根基的，靠權威強行管理只會適得其反。

## 選擇智慧的管理策略

儘管如此，這位主管並未把這件事視為失敗，反而認為這是一次寶貴的經驗，讓他學會如何運用智慧來應對類似情況。他意識到，面對不願意合作的員工，強行壓制不會帶來任何正面結果。於是，他選擇間接的方式來達成目標。他請與該編輯關係較好，或該編輯較為尊重的人來代為傳遞工作指示。這樣，編輯便會認為這些建議來自他認可的人，而不是直接的上司。這樣的策略，不僅讓主管避免了與員工的正面衝突，還能順利推進工作。

## 07 寬容——一個領袖的胸懷

### 智慧與策略,管理的關鍵

　　作為一名管理者,面對不喜歡自己或不願意合作的員工時,最重要的不是強求他們的支持,而是要學會運用智慧和策略,巧妙地促使員工合作。這樣不僅能夠有效達成工作目標,還能維持良好的工作氛圍,避免不必要的衝突,讓團隊能夠達到更高效的合作成果。

# 08
# 管理的平衡藝術：
# 苛責與情感投入的最佳拿捏

作為主管，如何在苛責與感情投入之間找到平衡點，是一個非常關鍵的課題。過度苛責會讓下屬感到不被理解，產生消極情緒，不願意付出努力；而過度的感情投入則會讓主管顯得軟弱，缺乏應有的威懾力，使下屬對命令缺乏執行力。因此，掌握這個平衡對主管來說至關重要。

## ▎讚揚與規範並重

要有效地管理員工，首先必須記住讚揚是必要的，甚至是有效的。即便是員工僅僅取得了一些小進步，也應該適時給予讚揚和認可。這能有效激勵員工，讓他們感受到自己的努力得到了重視，從而激發他們更大的動力。同時，主管必須是言行一致的人，說到做到，這樣才能樹立威信。規章制度一旦制定，就應該執行並且得到下屬的認可和遵守，這不僅能增強管理效果，也能在下屬心中建立起規矩和秩序。

08 管理的平衡藝術：苛責與情感投入的最佳拿捏

# ◎案例：台塑集團如何透過
# 「讚揚與規範並重」提升管理效能

台塑集團（Formosa Plastics Group）以嚴謹的管理制度與高度紀律性聞名，但同時，公司也非常重視員工的貢獻，並適時給予讚揚與激勵，以確保員工保持高度的工作動力與忠誠度。這種「獎勵與規範並重」的管理方式，讓台塑在全球市場中維持穩定的競爭力。

## 1. 用讚揚強化員工的成就感與歸屬感

台塑集團創辦人王永慶深知，員工的努力若能被適時肯定，將能夠激發更強的工作熱情。例如：台塑內部有「績效表揚制度」，當員工在生產流程優化、降低成本或提升品質方面有卓越表現時，公司會公開讚揚，並給予額外獎金或晉升機會。

例如：某次台塑的員工提出了一項降低原料浪費的改善方案，不僅幫助公司大幅減少成本，也提升了生產效率。管理層不僅對該名員工給予物質獎勵，還特別在內部會議上表揚他的貢獻，讓其他員工也能受到激勵，進而提升團隊整體創新意願。

## 2. 嚴格執行規範，確保制度公平與一致性

台塑向來以「制度至上」著稱，公司內部的管理規章不僅詳盡，而且一旦制定，必須確實執行。王永慶曾說：「制度不嚴，企業難以長久。」例如：在工廠內，台塑對於安全規範、品質標準與作業流程都有嚴格的要求，即使是資深員工或高層主管，

也必須遵守相同規範，確保公平性。

　　曾有一名主管因為違反安全規範未戴安全帽進入生產區域，即便他在公司有多年資歷，仍然被當場警告並記錄在案，這種「不因職位高低而破例」的管理方式，讓員工對公司的制度產生信任，進而願意遵守規範。

### 3. 讚揚與規範並行，打造高效團隊

　　台塑的管理方式不是單純「只罰不獎」，而是強調「該讚揚的時候不吝於讚揚，該規範的時候絕不寬容」。這樣的管理方式讓員工知道，只要他們努力工作，就能得到相應的回報與認可；但如果違反規範，則一定會受到公平的處理。這種公平透明的管理模式，讓台塑的員工擁有強烈的責任感與紀律性，同時也維持了企業內部的穩定與競爭力。

**讚揚與規範並重，才能建立穩固的企業文化**

　　台塑集團的成功證明，讚揚與規範並非對立，而是互補的管理工具。適時給予員工鼓勵，能激發他們的動力與創造力；而嚴格執行規章，則能確保企業運作的穩定與公平性。當企業能夠在這兩者之間取得平衡，便能打造出一支高效、穩定且充滿競爭力的團隊。

## 08 管理的平衡藝術：苛責與情感投入的最佳拿捏

### 適當的自我調整與關懷

主管在處理工作的同時，也應該避免過度依賴下屬，而是要學會親自處理一些自己能夠解決的事務。這樣不僅能減輕下屬的負擔，還能展現出主管的責任感和榜樣作用。同時，主管與下屬之間的交流應該是平等的，過於冷峻的態度不會增加主管的魅力，反而可能使團隊缺乏凝聚力。因此，主管應該在維持專業形象的同時，也要適度關心員工，參與他們的討論和交流，建立良好的溝通關係。

### 給予員工表現機會

一位美國公司經理基恩的故事，恰如其分地展現了如何在恩與威之間取得平衡。基恩的下屬們雖然有時犯錯，甚至讓客戶不滿，但他並沒有因此輕易解僱他們。基恩在責罵他們後，仍然繼續把工作交給他們，並在適當時候給予讚賞。這樣的管理方式，讓下屬在受到批評的同時，能夠感受到主管的信任和鼓勵，從而提升工作積極性，並保持團隊的穩定性和凝聚力。

### 管理中的自我情緒控制

當主管在工作中感到焦慮或情緒不穩時，必須學會控制情緒，避免將情緒帶入工作中。如果主管情緒不穩，對下屬發火或不理智的處理問題，不僅會影響團隊士氣，也會使下屬對其失

去信心。因此，管理者需要有能力調整自己的情緒，保持冷靜，這樣才能有效地解決問題並引領團隊向前發展。

## <u>情理並重，建立穩定的領導關係</u>

在管理過程中，主管要懂得在恩與威之間找到平衡。對下屬的批評和責罵固然重要，但同樣也需要適時的讚揚和肯定。這樣的管理方式，能夠促使下屬發揮出最大的潛力，維持團隊的穩定性，同時也能幫助主管樹立威信，推動工作順利進行。成功的管理者必須在情理與法度之間找到恰當的平衡，這樣才能讓團隊在和諧的氛圍中達成卓越的成就。

# ▎獎勵有度：打造公平與激動並存的管理機制

作為一名主管，有效的獎懲制度能夠促進員工的工作動力，並且維持組織運作的秩序。獎懲分明，不僅能讓員工明確自己的行為後果，還能激勵他們發揮更大的潛力。管理者應該如何在獎與罰之間找到合適的平衡，以下幾個原則可以作為參考。

## <u>長榮航空的獎懲制度與員工管理</u>

▶ **獎勵機制：激勵員工表現**

長榮航空（EVA Air）採取績效導向的獎勵制度，以確保員

## 08 管理的平衡藝術：苛責與情感投入的最佳拿捏

工在高度競爭的航空業中保持積極性與專業度。該公司透過透明且公平的評估標準，鼓勵優秀表現。

具體而言，長榮航空的獎勵機制包括：

- **年度優秀員工獎**：根據績效評估，每年選出表現最佳的員工，授予獎金與晉升機會。
- **顧客滿意度獎勵**：空服員與地勤人員若獲得顧客的正面評價，可獲得額外獎金或額外休假。
- **飛行安全獎勵**：根據機組人員的飛行紀錄與安全操作表現，提供額外獎金與獎勵機會。

例如：某次航班上，一名空服員主動協助身體不適的乘客，並聯絡醫療單位，確保旅客在落地後能獲得即時救助。該員工隨後獲頒「優秀服務獎」，並獲得晉升機會。

### ▶ 懲罰制度：維持服務標準

為確保航空安全與服務品質，長榮航空建立了一套嚴格但合乎情理的懲戒機制。該制度涵蓋以下幾個層面：

- **服務紀律管理**：針對遲到、儀容不整或態度不佳的員工，依情節輕重予以勸導、警告，甚至停職處分。
- **飛行安全標準**：機組人員若違反飛行安全規範，將面臨內部審查，影響其職涯發展。

- **顧客服務違規處理**：若員工因服務不佳被乘客投訴，經調查確認後，將參與「顧客服務強化課程」，以提升專業能力。

　　例如：一名地勤人員因態度不當遭到顧客投訴。經內部調查後，公司要求該員工接受客戶服務培訓，而非直接懲處，讓員工在未來的服務中表現更加專業。

### ▶ 獎懲並行：提升企業競爭力

　　長榮航空的獎懲制度強調公平與透明，確保員工既能獲得正面激勵，也能在違規時接受合理的規範。這種制度使得公司能夠維持高標準的顧客服務，並在國際市場上保持競爭力。

## 獎勵原則

### 1. 物質與精神獎勵的結合

　　物質獎勵能滿足員工的基本需求，而精神獎勵則能帶來情感上的滿足。二者結合能夠最大程度發揮獎勵的激勵效果。不能僅依賴金錢，或單純依賴精神上的激勵，應該根據員工的需求進行調整。

### 2. 創造良好的獎勵氛圍

　　在獎勵時，應該創造一個積極的氛圍。例如：強調「先進光榮，落後可恥」，這樣能讓獲獎者產生榮譽感，並激勵未獲獎的員工奮起直追。這樣的氛圍能讓員工在競爭中保持積極心態。

### 3. 及時獎勵

獎勵必須及時，越早給予獎勵，員工對其所作出的努力越能感受到重視，且能及時得到回饋。遲延的獎勵會削弱其激勵作用，甚至可能讓員工產生冷淡的情緒。

### 4. 根據員工特點給予獎勵

獎勵要考慮到每位員工的需求和特點。只有當獎勵能夠滿足員工的具體需求，才能發揮出最佳的激勵效果。因此，主管應該了解員工的需求，並根據需求量身定制獎勵方式。

## 懲罰原則

### 1. 懲罰與教育相結合

懲罰的目的是讓員工從錯誤中吸取教訓，進而改正。首先應該進行教育，讓員工明白行為不當的後果，然後再進行懲罰。這樣能夠減少員工對懲罰的抗拒心理，也有助於提高其改正錯誤的意願。

### 2. 公正無私，人人平等

懲罰必須基於事實和規章，對同樣的錯誤，無論員工的職位高低、背景如何，都應一視同仁。若有選擇性懲罰，會導致員工的不滿，甚至可能損害團隊的士氣。

### 3. 掌握時機，慎重穩當

懲罰應該在事實確定、錯誤情況明確且員工情緒冷靜的時候進行。錯誤處理不當的懲罰會適得其反，可能使情況更加複雜。特別是在首次懲罰時，應格外謹慎，選擇合適的方式和時機，以達到最佳的教育效果。

### 4. 功過分明

在實施獎勵或懲罰時，要分清功過，不能將過錯與過去的功績混為一談。對於犯錯後表現積極改正的員工，應該給予正面的激勵和獎勵，而對於僅僅基於過去成績的容忍可能會讓員工失去改正錯誤的動力。

## 公平公正，提升管理效能

掌握好獎與罰之間的平衡，能夠使管理者在激勵員工的同時，也有效地管理行為不當的情況。當獎勵和懲罰都能夠根據員工的實際情況進行適當調整，主管不僅能提升員工的工作積極性，還能在團隊中建立公正、信任的氛圍，最終實現組織的長期發展與成效。

08 管理的平衡藝術：苛責與情感投入的最佳拿捏

# ▌跌倒再爬起：逆境中的成長與成功之道

人生中，沒有人能夠永遠一帆風順，無論是事業還是生活，都難免會遭遇困難與挫折。每當我們跌倒時，最重要的是學會如何站起來。這不僅是對我們意志力的考驗，也是走向成功的必要一步。跌倒了，再爬起來，不管如何痛苦，這一刻就已經展示了你最強大的優勢——那就是克服困難的決心。

## 鴻海集團如何從失敗中學習並走向成功

### ▶ 早期經營困境與轉型

鴻海精密工業（Foxconn）成立於 1974 年，最初以生產塑膠電視旋鈕為主。然而，由於市場競爭激烈，公司一度面臨資金短缺和經營困難（Chang & Lin, 2020）。創辦人郭台銘意識到單純生產塑膠零件無法支撐企業長遠發展，因此決定轉型進入電子零件製造領域。透過技術提升和積極拓展海外市場，鴻海在 1980 年代成功進入美國市場，為日後成長奠定基礎。

### ▶ 失去 IBM 訂單的教訓與改進

1990 年代，鴻海積極爭取國際品牌的 OEM 訂單，其中包括 IBM。然而，由於當時公司的品質管控與成本管理未達國際標準，最終未能成功獲得訂單。這次挫敗促使公司進行全面改革，導入精實生產（Lean Manufacturing）和更嚴格的品管流程，

提升競爭力。後來，這些改進使得鴻海成功獲得戴爾（Dell）和惠普（HP）等企業的代工訂單，進一步穩固了全球市場地位。

### ▶ 進軍電動車市場的挑戰與應對

近年來，全球電子產業競爭加劇，鴻海為尋求新成長動能，積極投入電動車市場。2020年，公司推出MIH電動車開放平臺，並與多家車廠合作。然而，由於技術整合複雜性高，加上市場競爭激烈，初期發展面臨諸多挑戰。面對困難，鴻海選擇與傳統車廠建立策略聯盟，運用自身供應鏈優勢提供模組化電動車解決方案，逐步在市場中站穩腳步。

### ▶ 從失敗中學習，邁向成功

鴻海的發展歷程顯示，成功並非來自於從未失敗，而是來自於在每次挫折後進行檢討與改進。從早期的資金困境，到失去重要客戶，再到進軍新市場的挑戰，公司透過策略調整、品質提升和持續創新，最終成為全球電子產業的重要企業。這證明，只要能夠從失敗中學習，就能夠為未來的成功鋪路。

## 站起來的力量

每個人在跌倒時，總會感受到不同程度的心理與實際傷害。有時候，跌倒並非代表失敗，而是一次自我超越的機會。如果在困難面前選擇放棄，那麼不僅是錯過了重新振作的機會，還會讓別人對你產生輕視。為了保護自己的尊嚴，為了證明自己

不輕易放棄，你必須站起來。這種堅持不懈的精神，會讓你在未來的挑戰中更加強大，並且從中學到更多的經驗。

## 意志力是成功的關鍵

一個人的意志力，能夠在面對挑戰時發揮關鍵作用。當你跌倒後能夠再度爬起，這不僅是一個身體上的動作，更是對你內心意志力的磨練。堅強的意志力能讓你迎難而上，並且在未來遇到更多挑戰時不再退縮。成功並不是一蹴而就的，而是透過一次次的跌倒與爬起積累的。這樣的過程讓你發現自己有無窮的潛力，能夠應對各種困難，並最終超越自己。

## 自信的培養與實踐

失敗的經歷往往是建立自信的根基。真正的自信來自於行動，而不是空洞的自我安慰。培養自信的最快方式，就是勇敢面對自己害怕的事情，並且從中學到如何克服恐懼。以下是一些能幫助你建立自信的方法：

### 1. 挑前面的位子坐

在人群中，勇敢選擇顯眼的位置坐下，這不僅能讓你在他人眼中更為突出，也會增加你的自信心。敢於在人前展示自己，會讓你逐漸克服自卑，轉而建立自信。

## 2. 正視別人

眼神的交流是建立自信的關鍵。學會正視他人，這不僅展示了你的誠意，也能幫助你建立與他人的良好關係。當你能夠自信地看著別人時，無論是在職場還是社交場合，都會給他人留下深刻的印象。

## 3. 昂首挺胸，快步行走

行為舉止反映內心的狀態。當你走路時，保持昂首挺胸，步伐輕快，這會讓你看起來更自信。改變走路姿勢的同時，也會幫助你調整心態，讓你在面對挑戰時更加從容。

## 4. 練習當眾發言

許多人因為缺乏自信，選擇在公共場合沉默。然而，當你敢於在眾人面前發言，並表達自己的觀點時，你會發現自己的信心逐漸增強。透過不斷的練習，你能夠在討論中表現得更加自如，並且讓自己成為受人重視的一員。

## 5. 學會微笑

微笑是一種強大的力量。它能夠幫助你舒緩緊張情緒，也能帶來積極的社交效果。當你在困難中微笑面對，不僅能夠改變自己的情緒，也能使周圍的人感受到正能量。

08 管理的平衡藝術：苛責與情感投入的最佳拿捏

## 從失敗中學習，勇敢邁向成功

　　每一次的失敗，都是走向成功的鋪路石。透過每次跌倒與再度站起來，我們不僅增強了自身的意志力，也學會了如何應對未來的挑戰。在人生的道路上，成功並非一蹴而就，而是經過無數次的努力和不放棄的精神。自信的建立來自於行動，而行動又能夠在實踐中提升自我。讓我們從每一次的跌倒中學習，並勇敢地走向未來。

# *09*
# 企業決策的基石：
# 以原則打造高效與永續競爭力

　　企業在追求競爭力的同時，必須堅守清晰而明確的決策原則。唯有以明智的原則作為決策基礎，才能在瞬息萬變的市場環境中保持正確方向，避免陷入短視的利益陷阱，打造可持續且強大的競爭優勢，實現企業的長期成長與成功。

## ▎原則導向管理：以清晰規範引領員工

　　作為一名管理者，領導他人並不僅僅是依靠命令和管教，更重要的是要建立一系列清晰的原則，讓這些原則來引領員工的行為。這樣，不僅能夠最大化每位員工的潛力，還能夠提升整個團隊的凝聚力和效率。管理者在做出決策時，必須堅守原則，確保決策具有合理性和可行性。

09 企業決策的基石：以原則打造高效與永續競爭力

## ◎案例：台達電如何透過明確的管理原則提升競爭力

台達電子工業（Delta Electronics）是全球電源與能源管理解決方案的領導企業。其成功不僅來自於技術創新，更來自於一**套清晰且可執行的管理原則**，幫助企業維持競爭優勢並提升組織效率。

### 1. 以「節能、環保、愛地球」為核心價值，確立企業發展方向

台達電的企業使命是「**致力於提供創新的節能解決方案，以持續創造更好的明天**」。該公司將環保與節能作為核心經營理念，並貫徹在產品設計與生產流程之中。例如：台達電積極推動低碳生產，並承諾在 2030 年達成**碳中和**，這一清晰的目標不僅讓公司在 ESG（環境、社會、治理）領域獲得高度評價，也提升了品牌競爭力。

### 2. 以資料驅動決策，提高管理效率

台達電強調資料驅動管理，確保決策的科學性。例如：在製造端，公司導入「智能製造管理系統（Smart Manufacturing Management System）」，透過 IoT 技術即時監測工廠能耗、產線效率與設備狀態，確保資源最佳化運用（Lee, 2020）。這樣的決策模式不僅提升了生產效率，也降低了營運成本，使公司能夠在全球市場中維持競爭力。

## 3. 以人才為本，建立學習型組織

台達電認為，員工的成長直接影響企業的發展，因此，公司積極推動內部人才培育計畫，確保員工能夠適應快速變化的市場。例如：公司成立「台達學院（Delta Academy）」，提供技術研發、管理技能與國際市場趨勢的培訓，讓員工能夠持續提升專業能力。此外，公司導入「內部創新競賽」制度，鼓勵員工提出改善方案，並提供獎勵，進一步促進組織創新文化。

## 4. 以精實管理為核心，提升產品品質與競爭力

台達電在生產端導入「精實管理（Lean Management）」，透過減少浪費、提升產能利用率來優化生產流程。例如：公司透過「全自動化檢測系統」，確保電源產品的出廠良率達到 99.9%，不僅提升產品品質，也降低了客戶退貨率與維修成本。這種高標準的管理方式，讓台達電能夠在全球電源管理市場中維持領先地位。

### 以明確的管理原則打造永續企業

台達電的成功來自於清晰的管理原則，包括堅持環保使命、資料驅動決策、人才培育與精實管理。這些原則不僅確保企業的長期競爭力，也讓公司在全球市場上維持穩定成長。這顯示，當管理者能夠建立並貫徹清晰的管理原則時，企業將能夠持續創新，並在市場競爭中立於不敗之地。

09 企業決策的基石：以原則打造高效與永續競爭力

# 決策的基本原則

### 1. 現實性原則

作為管理者，在做決策時，必須具備強烈的現實性。這意味著在面對各種情況時，管理者需要根據當前的實際情況做出最符合當下需要的決策，避免過於理想化的思維，確保決策符合實際操作的可行性。

### 2. 創造性原則

管理者的工作必然充滿創造性。無論是面對挑戰還是機會，創造性都能幫助管理者找到獨特的解決方案。在處理複雜問題時，管理者應該突破常規，尋找創新而有效的解決方法。

### 3. 務實性原則

管理者的決策應該講求實際，著眼於現實問題，並根據具體情況制定切實可行的方案。這樣才能確保決策不僅是理論上的完美，而是能夠落地執行，解決實際問題。

### 4. 靈活性原則

管理者的決策不僅要有原則性，還要具備靈活性。在現實的管理過程中，事情總會變化，管理者需要根據不同的情況做出靈活的調整。堅持原則的同時，也要根據情況的變化調整自己的策略。

## 5. 時效性原則

時效性在決策中扮演著至關重要的角色。作為管理者，必須在適當的時機做出果斷的決策，避免拖延。決策的迅速性不僅關係到問題是否能夠迅速得到解決，還能決定機會是否能夠把握住。任何拖延都可能錯失機會，造成不可挽回的損失。

## 6. 科學性原則

科學性是決策過程中不可或缺的一部分。管理者在做決策時，應該依據科學的方法和工具，收集準確的數據，進行深入分析。這不僅能確保決策的有效性，還能使決策具有理論和實證的支持。

## 7. 系統性原則

現代的問題往往具有複雜性和多重因素，管理者的決策必須具備系統性。在做出決策時，應該綜合考慮各種相關因素，避免片面看待問題。這樣才能確保決策的全面性和深度，避免做出局部的、短視的決策。

## 堅守原則，靈活應對

作為管理者，在原則問題上必須堅定不移，不能動搖。這樣才能維持決策的穩定性和一致性，讓員工明白管理者的決策依據是牢固的，並能夠在困難和挑戰面前保持一貫的標準。然

而，在非原則問題上，管理者則需要靈活、寬容和大度，這樣才能贏得下屬的尊敬和信任，保持團隊的和諧與積極性。

## 以原則為基準，靈活應變

在企業管理中，原則是所有決策的基準線。管理者必須以堅定的原則為指導，做出現實、創造性、務實和科學的決策。同時，面對變化的環境，也要保持靈活性，以適應不斷變化的需求。這樣，管理者不僅能做出高效的決策，還能夠保持員工的信任和支持，最終實現企業的長期成功。

# 領導力的核心素養：管理者應具備的六大原則

作為主管，領導團隊不僅是依靠職位的權威，更重要的是透過自身的行為和素養來影響和激勵下屬。主管的素養與行為對團隊的文化、效率以及士氣有著至關重要的影響。以下是主管在日常管理工作中需要遵循的幾個原則：

### 1. 為人謙虛

謙虛是主管最基本的特質之一。管理者應該以謙虛的態度來尊重他人，團結員工，並且虛心向他人學習。無論你的職位有多高，成就多大，都應該保持冷靜，做到有自知之明，不驕傲、不自滿。不謙虛、不尊重他人，會使下屬產生反感，從而

影響團隊的凝聚力和工作氛圍。因此，管理者需要樹立平易近人的形象，密切與員工的連繫，做到不擺官架子，真正從心底尊重每一位員工。

## 2. 好心感人

作為主管，最基本的要求就是要有一顆善良的心。帶著良心、感情和責任去工作，能讓下屬感受到主管的真誠和關懷。當批評和處分下屬時，應該以幫助、關心他們的角度出發，而不是單純地批評或壓制。在不違背原則的情況下，主管應盡量幫助員工解決實際問題，這不僅能加深員工對管理者的信任，也能營造出更為和諧的工作環境。

## 3. 公道對人

管理者的公正、公道至關重要。對待每位員工，都應該根據事實和原則來做決策，獎罰分明。公正無私的管理能夠促使員工感受到公平和尊重，避免因偏私或不公平的決策而產生矛盾。管理者要做到：一是公正，根據原則和規矩來執行決策；二是公道，公平對待每位員工；三是公開，讓員工清楚了解決策的依據和過程；四是公明，善於辨別是非，作出有利於團隊發展的判斷。

## 4. 務實帶人

作為主管，必須以身作則，放下身段做事，展現出自己的專業能力和實際行動。要透過實際行動來影響下屬，並激發他們

的工作熱情。管理不僅僅是口頭上的指導，更多的是透過行動來帶動團隊，提升整體執行力。真抓實幹的管理者能夠樹立威信，凝聚員工的力量，推動整個團隊的進步和發展。

5. 謹慎做人

廉潔和公正是管理者最重要的品質之一。主管在工作中需要有足夠的政治素養，不僅要有高尚的品德，還要具備良好的工作態度。在決策和管理中，應當秉持謹慎和負責任的態度，避免輕率行事，從而避免不必要的風險與失誤。對自己要求嚴格，慎言慎行，才能在團隊中樹立起正直的形象。

6. 嚴格管人

管理者應該對下屬要求嚴格。古人云「沒有規矩，不成方圓」，管理者應該以嚴格的標準要求員工，確保團隊的紀律性和專業性。嚴格管理不僅能夠促使員工保持高效的工作狀態，還能塑造良好的團隊氛圍。對於表現良好的員工要表揚鼓勵，對於犯錯的員工則要批評並加以改進。這樣的管理方式有助於打造一支有凝聚力、富有戰鬥力的團隊。

## 以身作則，打造高效團隊

管理者的行為對團隊有著深遠的影響。作為主管，只有透過自身的表率作用，謙虛、真誠、公正、務實和謹慎，才能贏得員工的信任與尊重，打造一支高效且具有凝聚力的團隊。在

日常管理中，主管應該不斷提高自己的素養，嚴格要求自己，同時注重員工的發展，最終實現企業的長期成功與繁榮。

# 掌握健康生活方式：管理者的減壓策略

高薪的工作背後往往伴隨著巨大的責任和壓力。這些壓力來自多方面，包括工作壓力、社會壓力和家庭壓力等，這些對大多數人來說都遠超過了日常生活中的壓力。然而，作為管理者，學會如何平衡這些壓力，並保持身心健康，是非常重要的。以下幾點能幫助管理者在壓力中保持冷靜，實現健康、積極的生活方式。

## 參加健康娛樂活動

管理者應適當參加一些健康、文明的娛樂活動來減壓。比如下棋、打球、聽音樂、讀書、書法、繪畫、園藝、跳舞等。這些活動不僅能幫助緩解壓力，還能提升生活品質，讓人放鬆並享受生活。保持一至二項個人愛好，能有效分散工作中的壓力，避免過度依賴消極的方式如酗酒、吸煙來應對壓力。透過合理的休息和運動調節，可以保持身心健康，做到張弛有度。

## 設定人生目標

管理者必須確立清晰的人生目標和工作目標。沒有明確目標的人容易感到迷茫，進而陷入焦慮和過度緊張。確定一個正確的目標能幫助管理者在工作和生活中找到方向，減少因為不確定性而帶來的壓力。正確的人生觀和價值觀能幫助管理者更好地應對各種挑戰，並有效克服外部環境或內心的焦慮。只有心底無私，坦蕩處世，管理者才能減少因為外界因素造成的過度緊張。

## 加強家庭溝通

管理者應該重視家庭生活，與家庭成員保持良好的交流與溝通。家庭是最重要的情感支持來源，能有效幫助管理者舒解工作中的壓力。盡量在工作時間內完成工作，避免將工作帶回家。這樣既能保護工作與家庭的平衡，也能提高家庭的和諧度。當管理者感到來自家庭的支持時，他們更能應對工作中帶來的各種壓力與挑戰。

## 享受工作帶來的樂趣

享受工作本身的過程，而不是僅僅依賴權力或地位來尋求滿足，能夠讓管理者保持積極的心態。與其消耗精力去追求外部的成就和名利，不如投入工作本身，從中尋找到真正的樂趣

和成就感。保持積極的緊張和專注，將消極的情緒轉化為積極的動力，能更好地應對工作中的挑戰和壓力。

## 保持彈性和適當的目標設置

管理者在面對壓力時，保持彈性和適度的目標設定是避免急躁情緒的重要策略。過於苛求自己或他人，設定過於嚴苛的目標，容易引發焦慮和急躁情緒。相反，設立合理的時間預期並逐步達成目標，有助於減少壓力，避免過度緊張。長期努力和穩步推進能夠避免短期內的焦慮，並實現最終的成功。

## 急事冷處理

面對突發事件或急迫的工作時，管理者應保持冷靜，避免因為急躁而做出錯誤的決策。在處理急事時，放緩步伐，適當推遲，讓自己有時間理清思路，做出更好的判斷。即使面臨高壓環境，也要注意情緒的自我調節，避免情緒化反應。經過冷靜處理，事後往往能達到更好的效果，避免因急躁帶來的長期後果。

## 積極面對壓力，保持健康生活

在管理者的工作中，壓力是不可避免的，但如何面對和處理這些壓力，決定了管理者的工作效能和生活品質。學會適當放鬆，保持清晰的目標，積極與家人交流，享受工作的樂趣，保

持彈性和冷靜,都是有效的減壓策略。只有在積極、健康的生活方式下,管理者才能夠更好地應對工作中的挑戰,達到事業和生活的平衡。

# 10
# 冷靜決策，理性引領：
# 管理者必備的情緒掌控力

管理者在面對挑戰與壓力時，必須具備冷靜、理性的思考能力，才能做出明智的決策。本章將探討如何有效掌控情緒，避免衝動行事，透過理性引導團隊走出困境，以冷靜的態度提升領導力，建立穩定、高效且值得信賴的團隊。

## 管理者如何避免情緒化決策

作為企業的主管，領導他人的過程中要保持冷靜與理智。情緒是人之常情，但在管理工作中，主管必須學會控制自己的情緒，避免感情用事，這樣才能做出明智且有效的決策。如果情緒失控，可能會造成不必要的衝突，甚至影響團隊的整體工作氛圍。

### 第一，千萬不要在憤怒時做決定

作為主管，必須避免在憤怒或情緒激動時做出決策。情緒

化的決策可能會帶來錯誤的判斷和後果，這不僅會傷害到自己，也可能波及整個團隊。例如唐太宗李世民在一次與吏部尚書唐儉下棋的過程中，由於心生怒氣而準備對唐儉處以重罰，但經過尉遲恭的勸諫，他冷靜下來，最終改變了自己的決定，挽回了對自己的威信與唐儉的命運。這一事件告訴我們，在生氣時做決策，往往會失去理性，後悔則來不及。

**第二，千萬不要猜疑**

猜疑往往來自對事物缺乏深入了解，當主管對員工或下屬產生猜疑時，可能會影響到其決策的品質。對事物的懷疑應該建立在充分了解事實的基礎上。領導者應該保持警覺，但不要讓無根據的猜疑影響到對員工的信任。如果心中有疑問，應該儘早與員工開誠布公地溝通，避免誤解。對於那些故意挑撥的個人，則應保持警惕，不要讓他們的陰謀得逞。

**第三，千萬不要引起公憤**

一位管理者必須小心避免引起群眾的公憤或嫉妒。當民眾或員工對管理者產生不滿時，無論其政策多麼有效，都可能遭到排斥。失去民心的領導者，即使做了對的事情，也無法獲得支持。公憤的根源往往來自管理者的自私或無理取鬧。主管應該保持公正，確保自己在做出任何決策時，充分考慮到團隊的需求與情感，以免引發不必要的矛盾。

## ◎案例：郭台銘如何透過理性決策帶領鴻海成長

鴻海精密工業（Foxconn）創辦人郭台銘以果斷的決策與嚴謹的管理風格著稱。在企業經營過程中，他面對過無數挑戰，但始終堅持理性決策，避免感情用事。他的領導方式不僅讓鴻海從一家塑膠工廠成長為全球電子製造巨頭，也提供了管理者如何控制情緒、避免衝動決策的最佳範例。

### ▶ 避免憤怒決策：與夏普的併購談判

2016 年，鴻海與日本電子大廠夏普展開收購談判。然而，在談判接近完成之際，夏普突然披露了一份約 3,500 億日圓的潛在債務，這讓郭台銘大為震驚。面對突如其來的不利消息，他並沒有憤怒地終止交易，而是選擇冷靜分析數據，重新評估併購條件。

理性決策：郭台銘沒有因情緒化反應而放棄收購，而是要求夏普提供更詳細的財務資訊，並與團隊討論新的出價策略。最終，鴻海成功以 3,880 億日圓完成併購，並透過改革讓夏普恢復盈利。這顯示，當企業面臨重大決策時，管理者必須克制情緒，確保決策基於事實與數據，而非憤怒與衝動。

### ▶ 避免猜疑：信任團隊，賦權決策

早期的郭台銘以高度集權的管理風格聞名，所有重大決策幾乎都親自過問。然而，隨著鴻海規模擴大，他意識到，若過度猜疑員工、事事親力親為，不僅會導致決策效率低落，也會

## 10 冷靜決策，理性引領：管理者必備的情緒掌控力

削弱管理團隊的執行力。

信任專業，避免猜疑：2010年後，郭台銘開始改變管理方式，賦權給高階主管，讓他們負責不同區域與業務決策。例如：在美國市場，郭台銘將決策權交給當地的經理人，讓他們根據市場需求進行產品策略調整，而非每件事都要親自審批。這種管理模式提高了鴻海的反應速度，讓公司能夠更靈活應對市場變化。

### ▶ 避免引起公憤：改善工廠勞動條件

2010年，鴻海的中國工廠發生一系列員工自殺事件，引發國際關注。當時外界批評鴻海工作環境過於嚴苛，管理方式過於強勢。這一事件讓郭台銘意識到，若不調整管理方式，將可能引發更大的公憤，影響企業聲譽與員工士氣。

積極回應，提升企業形象：面對外界壓力，郭台銘沒有選擇推卸責任，而是積極改善工廠條件。他立即提高員工薪資、改善宿舍環境，並設立心理諮詢機制，確保員工能夠在更安全、健康的環境下工作。這些舉措不僅降低了勞資衝突，也讓鴻海在國際供應鏈管理中樹立了更負責任的企業形象。

### ▶ 冷靜理性，才能帶領企業長遠發展

鴻海的成功案例顯示，一位優秀的管理者必須控制情緒，避免感情用事，確保每項決策都建立在理性與事實之上。無論是併購談判、內部管理，還是危機處理，郭台銘都展現了穩健與務實的領導風格，讓企業在競爭激烈的科技產業中保持領先。

這提醒所有管理者，保持冷靜、信任團隊、公正決策，才能真正贏得員工與市場的信任。

## 理智領導，避免感情用事

在領導團隊時，管理者應該保持理智，避免讓情緒支配決策。當面對挑戰時，要冷靜思考，保持冷靜與客觀，這樣才能做出有效的決策並贏得員工的尊重與信任。作為主管，學會管理情緒、避免過度猜疑和公憤，將使自己成為一位更有智慧、更有威信的領導者，最終達成團隊與公司的共同目標。

# 以建設性管理取代懲罰：提升團隊合作與績效

在管理中，懲罰不應該是主管處理員工問題的主要手段。儘管懲罰是許多企業管理中常見的工具，但若過度依賴懲罰，它可能會帶來相反的效果，甚至激起員工的反感，破壞團隊的合作精神。相反，管理者應該更注重的是如何透過建設性的方式來引導和改正員工的錯誤。

### 懲罰的負面影響

當員工失誤時，若直接進行懲罰，尤其是過度的批評或罰款，容易讓員工感到被羞辱或打擊。這樣的做法可能會讓員工

10 冷靜決策，理性引領：管理者必備的情緒掌控力

對主管產生不信任，甚至造成更大的情緒反彈。例如：如果一名員工錯誤地將 100 元加薪的獎勵失去，這種失落感會遠大於他獲得這 100 元的愉快感受。這是因為人類對損失的反應往往比對獲得的反應更強烈。過多的懲罰會使員工對公司的忠誠度降低，甚至對管理者產生負面情緒。

## 懲罰的適當使用

儘管懲罰有時無可避免，但其使用必須謹慎。首先，處罰應該是針對事而非人，這樣才能避免讓員工感受到個人攻擊。在處罰前，主管應該仔細了解情況，確保事實無誤，再進行處罰。此外，懲罰要適度，過度的懲罰只會加深員工的牴觸情緒，並無法有效解決問題。

## 建立積極的管理方式

### 1. 避免直接批評

在改正員工錯誤時，主管不應該直接批評員工，而是應該尋找更建設性的方法，例如提供具體的建議或指導，幫助員工了解錯誤並改進。這樣既能避免員工的自尊心受損，又能讓員工更願意改正自己的行為。

### 2. 聚焦行為改正

在與員工討論錯誤時，應該強調行為改正而非個人指責。

例如：主管可以指出員工的具體錯誤，並提出改進的具體方法，而不是將焦點放在員工的個人缺點上。

### 3. 提供機會進行自我反省

給予員工發表自己意見的機會，有助於促進雙方的理解和信任。讓員工有機會解釋自己為何犯錯，可以促進主管與員工之間的交流，也能避免誤解或偏見。

### 4. 公開與透明的懲罰

若確實需要進行懲罰，應該保持公開和透明，這樣不僅能夠讓員工感到公平，也能防止人為的偏見。懲罰不應是對個人的攻擊，而應是教育和引導員工的工具。

## 更有效的管理方法

### 1. 建立積極的文化

創造一個鼓勵員工表現和自我改進的企業文化，讓員工明白，錯誤是學習的一部分，而不會因為錯誤而受到懲罰。這樣的文化能促進員工的創新和積極性。

### 2. 增強員工的責任感

透過設立明確的目標和期望，讓員工知道自己對團隊的貢獻是有價值的。主管應該鼓勵員工承擔責任，並在他們表現良好時給予肯定和獎勵。

### 3. 利用獎勵激勵

與其依賴懲罰，不如更多地使用正向激勵來鼓勵員工。例如：定期的表彰和獎勵可以激勵員工保持高水平的工作表現，並增強團隊的凝聚力。

## 懲罰的目的是改正，而非懲罰

作為主管，懲罰不應該是解決問題的首選方法。管理者應該將更多的精力放在如何幫助員工改進和成長上，而非單純依靠懲罰來解決問題。採取更具建設性的管理方式，透過清晰的溝通、激勵和指導，能更有效地幫助員工改正錯誤，提升整個團隊的表現。

# 果斷管理：辨識並處理影響團隊發展的員工

在任何團隊或組織中，總會有一些成員無法適應團隊文化，甚至成為阻礙團隊前進的障礙。作為主管，必須辨識並處理這些不適合團隊的成員，以確保團隊的穩定和發展。以下是幾類應該果斷辭退的員工類型。

### 一、貪汙受賄者

這類員工表面上遵守規矩，實際上卻利用職權從事不正當行為，如侵占公司資金、接受回扣或濫用公款。這些行為不僅

損害公司利益，也破壞團隊的信任。對於這樣的員工，企業應加強審計監控，一旦核實，必須依法處理，避免這些行為進一步擴大。對於公司財務、採購等重要領域的員工，尤其需要高度警覺。

## 二、嚴重違紀者

這類員工對紀律毫無尊重，行為無法約束，經常違規甚至違法。對這些員工必須毫不猶豫地進行處理，否則會破壞公司的規章制度，使其他員工對規章失去信心。企業的規章制度是維持秩序的基礎，對違紀者必須堅決處罰，讓他們明白紀律的重要性。

## 三、拉幫結派者

這類員工將精力集中在玩「公司政治」上，為了達到個人目的而分裂團隊，甚至搞派系鬥爭。這樣的行為不僅損害公司的團隊合作，還會使公司內部人心浮動，破壞企業的和諧氛圍。一旦發現此類行為，管理者應該立即予以辭退，絕不容忍。

## 四、個人主義者

這類員工極度自我中心，缺乏團隊意識，並且不願意配合團隊的工作。這種自我為主的行為不僅損害企業的集體目標，也會導致工作效率低下。這類員工難以透過培訓或交流改變，因此，對這樣的員工應該果斷辭退，避免其對團隊產生長期的不良影響。

## 其他需警惕的員工類型

### 1. 缺乏責任感的員工

這類員工缺乏工作動力，對待工作不認真，經常草率處理問題，影響團隊的工作進度。對這樣的員工需要及時指導或進行處理，以免其拖慢整個團隊的步伐。

### 2. 心胸狹窄的員工

這類員工因為過度自負，無法容忍其他同事的成功，經常與他人發生衝突，對團隊氛圍造成負面影響。這樣的人應該及時管理和調整，避免影響團隊的和諧。

### 3. 只說不做的員工

這類員工總是嘴巴上說得好，實際上卻懶得動手做事。這不僅影響自己的工作，也對其他員工造成不良示範。這樣的員工需要透過有效的管理來改變，否則會對團隊造成長期的負面影響。

### 4. 愛發牢騷的員工

經常發牢騷的員工對公司政策或同事不滿，總是表達負面情緒，這樣的人會對團隊士氣產生損害，甚至造成工作氣氛的惡化。管理者需要採取措施，讓這樣的員工改正態度，或選擇果斷辭退。

## 5. 陰險損人、說壞話的員工

這類員工心態不健康，經常在背後散播謠言，損害同事間的信任與合作。這樣的行為會嚴重破壞團隊的和諧，應該及時處理，防止其造成更大的負面影響。

## 6. 懷疑一切的員工

這類員工對任何建議都持懷疑態度，難以接受他人意見。這種固執己見的態度會影響工作效率，並且使團隊合作變得困難，應該加以管理或淘汰。

## 7. 頭腦不清晰、做事糊塗的員工

這類員工工作態度雖然端正，但缺乏邏輯思維，經常做事不條理，容易造成錯誤。對於這類員工，應該提供更多的指導和支持，幫助其改進工作方式，確保其能夠適應團隊的要求。

## 果斷處理害群之馬，保證團隊穩定與發展

在企業中，管理者必須對團隊中的害群之馬保持高度警惕。這些員工無論是因為行為不端，還是對團隊目標缺乏認同，都會對團隊和公司的發展帶來阻礙。對這些員工，管理者應該果斷處理，採取適當的手段，確保團隊的穩定和公司目標的實現。

10 冷靜決策，理性引領：管理者必備的情緒掌控力

# *11*
# 如何有效督導員工並促進成長

　　優秀的管理者不僅要確保工作順利進行，更要透過有效的督導來激發員工的潛力，幫助他們持續成長。本章將探討如何以清晰的目標設定、適當的指導與激勵機制，讓員工在團隊中發揮最大價值，並透過正向回饋與適時調整，打造一個高效且充滿成長動能的工作環境。

## 掌握批評技巧，平衡理性與尊重

　　作為主管，批評下屬時必須有技巧，才能有效促進員工改進，避免造成不必要的情緒波動。無論是面對失敗的員工還是態度消極的下屬，主管的批評都應該具備以下幾個要素，以確保批評具有建設性，並能引導員工成長。

### ▶ 不要意氣用事
　　批評應該冷靜且有建設性，不能讓情緒主導行為。當主管因生氣而發火時，批評可能會偏離問題的核心，變成單純的發洩情緒。這樣的批評不僅無助於解決問題，還可能破壞與下屬

的關係，讓員工對主管失去尊重。因此，主管在批評下屬時，應先冷靜分析問題，明確指出具體錯誤，避免將情緒化的反應帶入工作中。

### ▶ 批評要具體明確

批評時，主管必須明確告訴下屬錯誤的具體原因，而不是含糊其辭或籠統地責怪。下屬如果不清楚錯誤的根本原因，很難改進。只有具體指出錯誤的地方，並給予具體的改正建議，員工才能真正理解問題並做出改進。此外，批評要針對行為而非個人，這樣能避免傷害下屬的自尊心，使批評更具建設性。

### ▶ 遵循批評的「時機與節奏」

批評應該根據情況來選擇合適的時機和方式。例如：在員工犯錯後立刻進行批評，可以讓員工迅速意識到自己的錯誤並改正。然而，如果過於急躁地批評，員工可能無法完全吸收，甚至會對批評產生牴觸情緒。因此，主管應該適時給予批評，並避免過度責罵。批評之後，要適時讓員工有反思和改進的時間，不要讓情緒化的批評成為短期的爆發，應該確保批評能夠促使長期的行為改變。

### ▶ 避免過度批評

過度批評可能會讓員工感到不被理解或被壓迫，這會影響其士氣和工作熱情。批評應該集中在具體問題上，並保持適度的頻率。頻繁的批評會讓員工產生被忽視和無所適從的感覺，

甚至會造成員工的不滿和反感。主管應該適時給予肯定與表揚，鼓勵員工改進，而不是只專注於批評。

### ▶ 處理不合格員工時的決斷力

對於那些屢教不改、態度消極或危害團隊氛圍的員工，主管必須有果斷的態度。這類員工不僅會拖累團隊，還會影響整體的工作氛圍和生產力。當遇到這些員工時，主管應該毫不猶豫地做出處理決定，必要時可選擇辭退他們。這不僅是為了保護其他員工的利益，也是為了團隊的整體發展。解僱不適任員工時，應該選擇合適的場合和方式，避免不必要的公眾壓力和負面情緒，並以尊重的態度來處理。

### ▶ 尊重與理解下屬

在批評和管理的過程中，主管必須尊重員工，理解他們的困難和挑戰。每個員工都有其獨特的優點，主管在批評時應該盡量看到員工的長處，並給予指導和支持。批評的目的是幫助員工成長，而非削弱他們的自信心。這樣，員工才會更願意接受批評並從中改進。

## ◎案例：遠東集團如何透過有效的批評管理提升員工績效

遠東集團（Far Eastern Group）是臺灣歷史悠久的多元化企業，涉足紡織、石化、零售及電信等產業。在企業經營的過程中，管理層時常面臨員工表現不佳或決策失誤的情況。為了確保企

業競爭力，遠東集團強調建設性的批評管理，透過理性、精確與尊重的方式來幫助員工提升表現。

## 一、避免意氣用事：冷靜分析問題，防止情緒化管理

在一次內部行銷會議上，遠東百貨的市場行銷團隊推出了一項新促銷活動，卻因未充分考量顧客需求，導致活動反應冷淡，影響了整體銷售業績。當主管得知這一情況時，並未立即在公開場合責備員工，而是召開內部檢討會議，讓團隊成員共同分析問題所在。

主管冷靜地表示：「我們先一起來檢討這次的行銷策略，看看哪裡出了問題。」透過資料分析，團隊發現促銷方案未能有效吸引主要消費族群，因此調整了優惠內容，使後續活動獲得更好的市場反應。主管的理性態度讓員工能夠坦然面對問題，而非因為情緒化批評而感到挫敗。

## 二、批評要具體明確：指出錯誤並提供改進建議

遠傳電信（Far Eastone）在推出新的客服系統時，初期因界面設計不夠直覺，導致大量顧客投訴客服體驗變差。客服主管在發現問題後，沒有直接責怪 IT 團隊，而是召開內部會議，明確指出系統的哪些部分需要改進。

主管並未含糊地說「系統做得不好」，而是具體分析：「目前客戶抱怨最多的是搜尋功能過於複雜，能否簡化流程，讓使用者能更快找到所需資訊？」這種具體的批評方式，使 IT 團隊清

楚了解需要改進的地方，而非對批評感到無所適從，最終成功優化系統並提升顧客滿意度。

### 三、遵循批評的時機與節奏，確保員工能有效吸收

在遠東新世紀（Far Eastern New Century）的研發部門，一名資深工程師因為錯誤計算導致新材料配方測試失敗，影響了生產計畫。主管沒有立即在實驗室公開指責，而是選擇在專案會議後，私下與該工程師討論問題。

主管說：「我們這次的測試結果與預期有差距，你覺得是哪個環節出現誤差？」這種方式讓工程師能夠主動檢討自己的失誤，而不是因為被當眾批評而感到羞辱。之後，公司也導入了更嚴謹的數據驗證流程，以降低類似錯誤發生的機率。

### 四、避免過度批評，兼顧肯定與改進

遠東集團的管理層深知，頻繁的批評可能會影響員工士氣，因此在強調問題時，也會適時給予肯定。例如：在遠東百貨的銷售部門，一名新進員工在顧客服務過程中表現不佳，導致顧客投訴。主管在批評他的同時，先肯定了他願意主動與顧客互動的積極態度。

主管說：「你的服務態度很好，但可以再注意顧客的實際需求，例如詢問他們的購物偏好，而不是僅推薦熱門商品。」這樣的批評方式，讓員工感受到公司的支持，而不會因為被批評而喪失自信，反而更願意學習和改進。

## 11 如何有效督導員工並促進成長

### 五、處理不合格員工時的決斷力

對於那些屢次違反公司規定或態度消極的員工，遠東集團的主管則會果斷處理。例如：在遠東紡織的一條生產線上，一名資深員工因長期違反安全規範而屢勸不改，影響了整體生產安全。主管在多次溝通無效後，最終決定讓該員工離職。

雖然解僱員工並非容易的決定，但為了確保整體團隊的運作順暢，公司仍選擇了果斷處理，並透過內部培訓加強其他員工的安全意識，以防止類似問題再次發生。

### 六、尊重與理解員工，建立正向溝通

遠東集團的管理方式強調，批評的目標是促進員工成長，而非讓員工產生挫折感。例如：在遠東新世紀的創新研發部門，當一名設計師的提案未達標準時，主管不會直接否定，而是會與員工討論設計的可行性，並提供指導。

主管說：「這個設計有創新點，但如果能在成本與實用性上做進一步優化，會更有競爭力。」這樣的溝通方式讓員工能夠接受批評，並積極思考如何改進，而不會因為被否定而失去動力。

#### 透過建設性批評提升團隊效率與競爭力

遠東集團的成功案例顯示，批評員工時必須講求技巧與策略，主管應該避免意氣用事，並確保批評具體明確、適時適度。此外，對於無法適應團隊規範的員工，應果斷處理，以維護整

體工作環境。當批評能夠幫助員工成長，並促進團隊合作時，企業才能在競爭激烈的市場中保持領先。

## 批評是為了幫助員工成長

批評是一種有效的管理工具，但它必須以建設性、尊重和理解為基礎。主管應該避免情緒化的反應，專注於問題本身，並選擇合適的時機和方式進行批評。同時，批評應該有助於員工的成長，而不是使他們感到沮喪或無助。透過這些技巧，主管可以更有效地管理團隊，促進員工的改善和整體工作的順利進行。

# 接受批評與自我反思，提升個人成長與組織競爭力

在現代職場中，批評和自我批評的風氣逐漸減弱。無論是同事之間、上級與下級之間，互相批評的情況越來越少，取而代之的是恭維、誇讚和奉迎，這種情況讓人們漸漸不習慣聽到不同的聲音。事實上，長期缺乏批評，往往會增加錯誤的發生率，並且反映出企業缺乏坦誠的文化，而是形成了文過飾非的病態文化。

唐太宗與魏徵的關係，為我們提供了一個良好的範例。魏

徵作為忠直的臣子，敢於提出批評，甚至讓唐太宗在某些場合感到難堪。雖然唐太宗起初因為這些批評而心生不滿，但皇后提醒他：魏徵的直言能讓他看到問題的本質，從而促進國家治理的進步。最終，唐太宗認識到，接受批評不僅能提升自己，還能使國家治理更加高效。

同樣地，管理者若只聽好話，避開壞話，必定會疏於自我反思和自我改進。無論是領導還是員工，每個人都會犯錯，而只有那些敢於接受批評和自我批評的人，才能避免重蹈覆轍，真正實現自我提升。

## 批評與自我批評的意義

作為管理者，批評下屬是必要的，但更重要的是，管理者應該勇於接受下屬的批評和建議。批評和自我批評不應該是對抗，而是學習的過程，是幫助團隊成長的必要手段。當管理者能夠從團隊中獲得不同的觀點時，不僅能改善自己的決策，也能幫助整個團隊提升。這是一種雙向的學習與成長過程。

## 自我批評能提升管理者的領導力

作為管理者，除了批評下屬，還要學會對自己進行批評和自我反省。自我批評是一種強大的領導力工具，能讓管理者在日常管理工作中不斷提高，保持高效的工作狀態。對自己進行批評，

不是為了打擊自己,而是為了發現不足並及時改正。自我批評使得管理者保持謙遜的態度,並且能夠認識到自己的不足,進一步發展自己的優勢。

例如:吉列前 CEO 吉姆便是以常自我批評著稱,他經常對自己的決策進行反思,並願意根據新的資訊快速調整方向。他的這種開放態度不僅提升了公司的營運效率,也幫助公司應對了市場的變化。

## 自我批評和團隊的相互作用

批評和自我批評不僅能幫助管理者改進自己的領導方式,還能提升團隊的合作精神。團隊中的每個成員都可以從互評、互促中受益,這樣的過程能讓大家在相互幫助中提高,從而改善整體工作效率和情感連繫。

## 批評與自我批評促進企業成長

一個健康、積極向上的企業文化,需要批評和自我批評的積極介入。這不僅有助於管理者的個人成長,也促進團隊的進步。在管理中,應該摒棄「只聽好話」的心態,鼓勵大家提出真實的建議與批評,這樣才能實現企業的持續發展。管理者要勇於接受批評,並且以自我批評為契機,提升自我,不斷調整領導方法,創造更高效的團隊合作氛圍。

## 有效批評：
## 如何引導員工成長並提升團隊績效

在管理工作中，批評是一種有效的強化手段，它與表揚相輔相成，有助於促進員工改正錯誤，提升工作表現。然而，批評不當可能帶來負面效果，甚至引發員工的牴觸情緒，因此作為管理者，在批評下屬時需要遵循一些原則，減少批評的負作用，使其發揮最佳效果。

### 批評的準備與心態

批評他人之前，管理者首先應該對自己和對方有一個正確的認識。了解自己在同樣情境下的不足，避免以絕對正確的語氣批評他人。正如一位哲人所言：應該用放大鏡來看待自己的錯誤，而對待他人時則以更寬容的態度來分析，這樣才能做到公平和公正的批評。

研究顯示，人們對批評總是有排斥心理，尤其是當他們已經付出了很多努力後，對批評的反應更為敏感。批評者應該設法減少這種情緒反應，一種常見的方法是使用「三明治策略」，即先讚揚，再批評，最後再以讚揚結束。這樣的方式能夠降低批評的刺痛感，並幫助員工更容易接受並改正錯誤。

## 批評的禁忌

1. **忌捕風捉影，無中生有**　批評必須基於事實，管理者應該實事求是。沒有充分證據的情況下不應該隨便批評，避免讓下屬覺得自己是被無端指責。管理者應該避免基於流言蜚語或者無根據的猜測來做出批評，這樣會破壞管理者的公信力。

2. **忌乘人不備，突然襲擊**　批評應該給員工足夠的心理準備，避免在其情緒低落或未準備好的情況下突然進行批評。這樣的突襲式批評會讓員工感到羞愧或受挫，可能導致他們對工作失去信心，甚至自暴自棄。管理者應該在適當的時機，且注意語氣，避免讓員工過度情緒化。

3. **忌姑息遷就，拋棄原則**　批評應該堅守原則，不能因為關心員工的感受就放過他們的錯誤。姑息遷就只會讓問題惡化，最終傷害到整個團隊的健康發展。管理者應該堅定地指出問題所在，並要求改正，而不是單純的安慰或放任。

4. **忌不分場合，隨便發威**　批評應該根據場合和情況進行，尤其是避免在大眾面前進行公開指責。這樣的做法可能會讓員工感到被羞辱，降低他們的自尊心。批評最好在私下進行，並注意語氣的和緩，避免讓員工感到壓力過大。

5. **忌吹毛求疵，過於挑剔**　管理者應該注重對下屬的指導，而不是對微小的錯誤進行過度批評。過於挑剔和找碴會讓員工感到沮喪，並且無法激勵他們改正。管理者應該關注重要的問

## 11 如何有效督導員工並促進成長

題,並給予員工足夠的成長空間。

**6. 忌口舌不嚴,隨處傳揚** 批評後不應該將批評的內容散布出去,尤其是不要在其他同事面前提及。這樣會破壞員工的自尊心,並加劇他們對批評的排斥。管理者應該保護員工的隱私,讓他們在接受批評後能夠有空間反思,而不是讓外界對其產生更多的評價和壓力。

## 有效批評:促進員工成長與優化團隊文化

批評是管理過程中不可或缺的一部分,適當的批評有助於員工的成長與團隊的進步。然而,批評應該有技巧,避免過度情緒化,並且應根據具體情況靈活運用。管理者在批評時要注意語氣、場合、方法,並始終保持公平公正的態度。這樣不僅能夠幫助員工改進工作,還能夠促進良好的企業文化和團隊氛圍。

# *12*
# 精準管理細節，提升職場競爭力與團隊效能

　　成功的管理不僅關乎大方向，更取決於對細節的精準掌控。優秀的管理者懂得透過細緻的規劃與有效的執行，確保每個環節都能順暢運作，從而提升團隊的整體效能與競爭力。本章將探討如何透過細節管理，強化組織效率、優化資源配置，並打造一個能夠持續進步的高效職場環境。

## 細節決定成敗：從計劃到執行的關鍵

　　美國西點軍校前校長潘莫將軍曾說：「最聰明的人設計出的最偉大計畫，在執行時仍然必須從小處著手，整個計畫的成敗往往取決於這些細節。」這句話道出了成功的關鍵——細節管理。

### ◎案例：長榮航空如何透過細節管理提升服務品質

　　長榮航空（EVA Air）作為臺灣頂尖的國際航空公司，長期以來在安全管理、服務標準與品牌形象方面享譽全球。其能夠

12 精準管理細節，提升職場競爭力與團隊效能

在全球航空業中脫穎而出，關鍵就在於對細節的極致管理。長榮航空深信，每個細節的改進，最終將帶來服務品質的質變。

一、機艙服務細節：打造五星級飛行體驗

**細節管理實例**

- **餐點溫度控制**：長榮航空的空服員接受嚴格訓練，確保機上餐點的溫度始終符合標準。例如：熱食必須維持在攝氏六十度以上，冰淇淋則需保持在適當的冷凍溫度，以確保口感最佳。
- **毛毯與枕頭擺放**：即使是經濟艙，毛毯折疊與枕頭擺放都有固定規範，確保座椅整潔且視覺上令人感到舒適。這種細節管理讓旅客即使搭乘長途航班，也能享受賓至如歸的感受。
- **客製化服務**：長榮航空的高級艙等（如皇璽桂冠艙）提供個人化服務，空服員在起飛前會主動記錄乘客的偏好，例如餐點選擇與飲品需求，確保乘客在飛行過程中獲得貼心的服務。

這些細節的累積，讓長榮航空多次獲得 Skytrax 全球五星級航空公司的榮譽。

二、安全標準的極致追求：從機組人員到機械維護

**細節管理實例**

- **機師的飛行前檢查**：每位機師在飛行前，必須進行超過兩百項檢查程序，確保機械設備無誤，並嚴格遵循標準作業流程。

- **空服員的安全演練**：每位空服員必須接受嚴格的訓練，包括**機艙緊急撤離、急救操作與高空壓力調適**。即使是日常的安全示範，也要求動作標準一致，確保乘客在緊急時刻能夠迅速理解指引。
- **維修團隊的細節管理**：機械維修團隊在進行飛機檢修時，會使用精密儀器檢測引擎運作狀況，即便是一個細小的螺絲鬆動，也可能影響飛行安全，因此每一個檢查步驟都必須嚴格執行。

正是這些對細節的高度要求，使長榮航空在過去多年內，維持了極低的安全事故率，確保旅客的飛行安全。

### 三、品牌形象管理：連員工制服都精心設計

**細節管理實例**

- **空服員儀容要求**：長榮航空規定，所有空服員的髮型、妝容與服裝必須符合統一標準，例如口紅顏色需搭配制服，鞋子需經過定期保養，展現專業形象（Liu2021）。
- **機場地勤人員的服務細節**：地勤人員在與旅客互動時，會主動使用乘客姓名稱呼，以提升服務親切感。此外，在行李處理過程中，長榮航空採取特別標記系統，確保高價值行李能夠獲得更謹慎的搬運與追蹤。

這些細節的堅持，使長榮航空在 Skytrax 全球最佳機場服務評比中多次獲獎，提升了品牌價值與顧客忠誠度。

### 細節決定服務品質,帶來品牌競爭力

長榮航空的成功並非偶然,而是來自於對每個細節的極致管理。從機艙內的服務標準、安全檢查到品牌形象,長榮航空深信,只有掌握每一個細節,才能確保乘客擁有最優質的飛行體驗。這證明,偉大的成就來自細節的累積,而忽略細節則可能讓企業陷入競爭劣勢。

## 細節決定職場競爭力

在職場中,許多工作涉及瑣碎而單調的任務,這些看似不起眼的小事,卻是成功的基石。忽略細節,通常反映的是對工作的敷衍態度,這樣的人無法享受工作帶來的樂趣,也難以在職場中脫穎而出。相反,能夠精雕細琢、處處留意細節的人,更容易把握機會,最終在職場上獲得更好的發展。

現代職場競爭激烈,每位員工都面臨「適者生存」的現實。如果對細節掉以輕心,可能會讓自己落後於競爭對手。因此,注重細節不僅是專業素養的展現,更是決定職場競爭力的關鍵因素。

## 周密計畫讓細節更到位

許多人誤以為「埋頭苦幹」是做好工作的最佳方式,卻忽略了周密計畫的重要性。事實上,優秀的員工不僅會執行手邊的工作,還會預先規劃未來幾步該如何進行。就像下棋一樣,贏

家絕不會「走一步算一步」,而是能夠預見後續幾步棋局的發展。

詳細的計畫能夠幫助我們把工作細節量化,提高執行效率。過去的觀念強調「不要坐著,快去做」,但現代管理更強調「先想清楚,再開始行動」。制定周密計畫不僅能幫助我們在面對問題時從容應對,也能確保每個環節都能精準執行。

### ▶ 如何透過計畫提升細節管理?

- **預先準備**:提前做好規劃,分析可能遇到的問題,確保細節不被忽略。
- **量化細節**:將每個環節明確定義,例如「每日檢查設備狀況」、「每週回顧工作進度」,使執行更具體。
- **反覆檢驗**:透過回顧與修正,確保細節管理的可持續性。
- **時間分配**:時間管理專家指出,花越多時間在計畫上,執行時所需的時間就會相對減少。

## 計畫與細節相輔相成

無論在哪個領域,細節都是成敗的關鍵。唯有透過完善的計畫,將每個環節精確規劃,才能確保執行時不出差錯,提升效率與品質。在競爭激烈的職場環境中,那些能夠掌握細節、做好計畫的人,才有機會脫穎而出,成就更卓越的職業生涯。

# 團隊精神的力量：
# 打造高效合作與領先主導力量

## 團隊精神與領導者的責任

打造一支高效且具有凝聚力的團隊，是每位管理者的理想。然而，這不僅僅是把一群人聚集在一起，而是要在這個過程中塑造團隊精神，並在細節上做好規劃。只有這樣，才能達到 1 ＋ 1 ＞ 2 的效果，讓團隊的整體表現遠超過個人之和。

團隊精神的基礎是相互尊重與信任，這不僅要求團隊成員之間保持良好的關係，也要求管理者創造一個支持、鼓勵和信任的工作氛圍。細節上，如何建立起這樣的氛圍是管理者需要不斷學習和調整的地方。

## 團隊精神的核心要素

### 1. 相互尊重

團隊成員之間的相互尊重是團隊精神的核心。每個成員都應該感到自己的貢獻被重視和尊重，而管理者則需創建這樣的文化，讓每位員工都能感受到來自同事與主管的支持。尊重每一位成員的觀點和技能，將有助於提升團隊的整體效率。

## 2. 充滿活力的工作氛圍

團隊的活力不僅來自工作熱情,也來自團隊內部積極的關係和主動精神。這要求團隊內每個成員都能夠主動思考,勇於提出創新的想法,並能夠積極尋求問題的解決方案。此外,團隊中的幽默氛圍、共擔風險的精神也能夠顯著提升團隊的凝聚力和合作性。

## 3. 高度忠誠與歸屬感

一個團隊若能讓每位成員感受到強烈的歸屬感,那麼該團隊將能夠發揮出無限的潛力。這要求管理者要營造一個充滿正向能量的環境,讓每位成員都願意為團隊的成功而努力,並願意在困難面前攜手共進。

# 個人如何培養團隊合作精神

## 1. 讓自己得到大家的喜歡

在團隊中,建立良好的人際關係是非常重要的。除了專業能力,能夠與他人和諧相處、關心他人的生活,能讓你成為團隊中受歡迎的一員。這樣的互動會為你開展工作提供支持,也能增強與同事間的默契。

## 2. 發現並學習他人優點

每位團隊成員都有其獨特的長處。在團隊合作中,積極發現並學習他人優點,能夠讓自己進步,並提升整個團隊的合作

效率。團隊合作強調的是協同，而非單打獨鬥，發掘每個成員的優勢能夠讓工作氣氛更加融洽，並有效提升整體表現。

### 3. 對每個人寄予希望

每個人都需要被重視，尤其是有創造性思維的員工。給予他們期望與鼓勵，能激發他們的工作熱情。這種激勵不僅能促使員工發揮出色，也能建立起團隊成員之間的信任和支持。

### 4. 保持謙虛的態度

謙虛是一個重要的特質，特別是在團隊中。每位成員都有自己擅長的領域，無論你的能力有多強，都應該學會尊重他人，並謙虛地向他人學習。這樣不僅能讓你在團隊中更受歡迎，也能促進團隊的整體合作。

### 5. 檢查並改正自己的缺點

在團隊合作中，不能忽視自身的缺點。定期檢查自己是否有冷漠、固執或難以接受他人意見的問題。團隊的成功依賴於默契的配合，若成員無法達成一致，工作將無法順利進行。認識到自己的缺點，並願意接受他人幫助，將能促使團隊更好地合作。

## 成為高效團隊的好處

### 1. 整體動力的提升

高效團隊能將個人無法獨立完成的大事推動進程，團隊的

總體動力大於單打獨鬥。每位成員都能充分發揮其專長，並且共同朝著目標前進，達成更大的成就。

## 2. 促進創新與表現

團隊合作有助於激發創造性思維，並能提供更多的挑戰與機會。每位成員都有機會在團隊中挑戰自我，發揮潛力，從而提升團隊整體的表現。

## 3. 衝突的有效處理

在團隊合作中，衝突難免發生。高效團隊能夠將衝突的損害減至最低，透過溝通和合作來解決問題。這不僅能促進團隊合作，還能加強成員之間的信任。

## 4. 互相支持與協助

在面對困難和挑戰時，團隊成員能夠互相支持和協助，這樣不僅有助於解決問題，也能增強團隊的凝聚力。遇到挫折時，大家會攜手度過，這使得團隊更加堅不可摧。

## 共創未來

團隊合作的力量無窮，管理者需要注重細節，並從尊重、活力、忠誠等多方面打造高效的團隊。作為團隊中的一員，每個人都應該意識到自己對團隊的貢獻，並努力培養合作精神和互助態度。透過共同努力，團隊能夠實現更高效的合作，創造更大的價值，迎接未來的挑戰。

12 精準管理細節，提升職場競爭力與團隊效能

# 以細節為基礎，提升領導力，塑造尊重與信任的企業文化

## 管理者的細節決定成敗

在企業中，領導者面對的挑戰往往不是單純的事務本身，而是如何管理人。管理人，首先需要管理好與下屬的關係。無論是大型企業還是中小型企業，無人就無事，無法管理人，事也難以完成。因此，管人必須被視為管理的根本，而細節則是管理成功的關鍵。

在 21 世紀的知識經濟時代，企業競爭的核心是人才的競爭，如何吸引並維護這些人才，管理者必須重視管理的細節。這不僅僅是工作中的具體安排，更是如何理解員工的需求，如何在工作中做到關心、尊重及激勵。管理者的細節決定了團隊的氛圍和企業的競爭力。

## 如何做好細節管理

### 1. 做好表率，樹立榜樣

在管理中，領導者必須以身作則。只有當領導者自己具備強大的專業能力和個人魅力，才能真正成為下屬的榜樣。這不僅僅是說幾句激勵的話，更應該在日常工作中，透過行動展現自己

如何專業、誠實、可靠地處理各種挑戰。領導者不僅是下屬的上級，更應該是他們學習的榜樣。

## 2. 尊重員工的人格

尊重員工不僅僅是給予他們基本的待遇，而是要真正關心員工的情感需求。每個員工都有自己的尊嚴和自我價值，作為領導者，應該尊重每位員工的觀點和貢獻。尊重員工的人格不僅能激發他們的積極性，還能增強他們對企業的忠誠度。這種尊重的文化會讓員工感受到他們與企業的共同價值。

## 3. 換位思考，理解員工的感受

領導者在做決策時，必須時刻站在員工的立場上考慮問題。經常換位思考，了解員工的需求和想法，能有效避免因誤解或不當決策引起的不滿和反感。這樣的領導者會讓員工感到他們的意見受到重視，並且能夠在問題出現時與員工共同面對，形成良好的溝通氛圍。

## 4. 保障員工的利益

管理者不應輕易縮減員工的利益，無論是薪資待遇還是其他福利。員工對於已有的利益具有高度的認同感和依賴感，任何對這些利益的削減都會遭遇強烈的反對。領導者若要進行變革，應該透過充分的溝通與解釋，讓員工理解變革的必要性和可能帶來的長期好處，避免造成不必要的牴觸情緒。

### 5. 保持適當距離，樹立威嚴

領導者與下屬之間的距離需要保持適當。過於親近可能會引發嫉妒、奉承等不健康的情緒，甚至影響領導者的判斷。保持一定的距離有助於維持領導者的權威，避免不必要的矛盾和誤解。適當的距離能夠幫助領導者保持客觀的眼光，在做出決策時更加公正和果斷。

## 記住，細節決定管理的品質

管理的藝術在於細節，領導者需時刻注意到日常管理中的每一個小細節。從員工的日常需求到工作中的小問題，都能夠在細微之處看到領導者對工作的用心程度。細節管理能夠幫助領導者更好地了解員工的需求，與員工建立起相互信任的關係，從而提升團隊的整體效率和凝聚力。

## 細節成就領導力

優秀的領導者懂得從細節入手，關心員工的每一個需求，尊重每一個員工的價值。在這樣的管理下，團隊將不僅僅是完成工作，更是充滿活力、忠誠並積極向上的團隊。管理者必須在細節上投入心力，透過自己的行動樹立榜樣，並且適時調整策略，從而提升整體的管理效能，進一步帶領團隊走向成功。

# 13
# 從發掘潛力到長期人才儲備，打造企業競爭力的關鍵策略

　　企業的長遠發展，取決於是否能夠持續發掘並培養優秀人才。從員工的潛能開發到長期的人才儲備，管理者需要建立系統化的策略，確保組織內部具備穩定的成長動能與競爭優勢。本章將探討如何透過有效的識才、育才與留才機制，打造一個能夠激勵員工成長、促進企業進步的人才管理體系，確保企業在未來市場競爭中始終保持領先地位。

## 發掘千里馬：打造企業競爭力的關鍵策略

　　精準辨識與培養高潛力人才，透過資料驅動與信任機制，讓團隊發揮最大價值。

13 從發掘潛力到長期人才儲備,打造企業競爭力的關鍵策略

## 發現與培養人才的重要性

在企業管理中,找到並培養人才是管理者的重中之重。正如唐代韓愈所言:「世有伯樂,然後有千里馬。」這句話強調了人才的發現和激發的重要性。企業中並不缺少人才,缺少的是能夠發現並充分發揮這些人才潛力的領導者。許多員工擁有出色的創意和解決問題的能力,然而,這些才華未必能被充分發現和利用,這主要取決於企業文化和領導者的管理方式。

## ◎案例:Google 如何透過人才發掘與培養打造全球創新力

Google 作為全球最具創新能力的科技公司之一,深知人才是企業成功的關鍵。該公司不僅注重聘請優秀人才,更強調內部人才的發掘與培養,透過開放的企業文化、完善的學習機制和內部晉升機會,讓員工能夠充分發揮潛力,為公司帶來持續的創新動能。

### 一、內部人才發掘:資料驅動的人才管理機制

Google 以資料驅動決策,不僅應用於產品開發,也廣泛應用於人才管理。例如:公司採用「Google People Analytics」,透過資料分析來評估員工的工作表現、創新能力以及領導潛力。

具體而言,公司會定期收集來自員工自評、同儕回饋及主管評估的數據,透過演算法辨識高潛力人才,並推薦適合的發

展機會。例如：當某位工程師在跨部門合作中展現卓越的問題解決能力，系統會自動標記該員工為高潛力人才，並推薦其參與更具挑戰性的專案或管理培訓計畫。

這種方法確保每位員工的潛能能夠被精準發掘，避免優秀人才因缺乏機會而被忽略。

## 二、人才培養計畫：讓員工自由探索與學習

Google 為了培養內部人才，設立了「Google University」，提供從技術技能、創新思維到領導力培訓的各類課程。

此外，公司還推出「20%時間計畫」，允許員工將20%的工作時間投入自己感興趣的專案。例如：Gmail 和 Google News 這兩個產品，就是員工在20%時間內自主開發的成果。這樣的制度鼓勵員工探索新想法，進一步激發創新潛力。

同時，公司內部還設有「Google Leadership Lab」，專門培養有管理潛力的員工，透過模擬決策、跨部門專案和高層指導，幫助員工發展領導能力。

這些機制確保員工能夠持續學習與成長，使 Google 始終保持強大的創新動能。

## 三、內部晉升機制與開放文化：給人才舞臺發揮

Google 強調內部晉升，確保優秀人才能夠獲得更大的發展機會。公司鼓勵員工主動申請內部職位變動，讓他們能夠在不同團隊和專案中累積經驗。例如：許多高階主管（如 CEO 桑達

## 13 從發掘潛力到長期人才儲備,打造企業競爭力的關鍵策略

爾‧皮查伊)都是從內部晉升,而非外部聘請(Lashinsky2018)。

此外,公司營造開放且尊重個體的企業文化,讓每位員工都能夠自由表達意見。Google 的「TGIF(Thank God It's Friday)」會議,讓員工可以直接向高層提問,確保溝通透明,並激勵員工勇於提出創新想法。

這樣的文化,使員工感受到自己的價值,進一步提升了人才的留任率與工作滿意度。

### 總結:Google 如何透過人才管理保持創新競爭力

Google 的成功並非偶然,而是來自於對人才發掘與培養的高度重視。透過資料驅動的評估機制、開放的學習文化與靈活的內部晉升制度,公司確保每位員工都能夠在合適的舞臺上發揮潛能。這種做法讓 Google 能夠持續吸引並培養世界頂尖人才,使其在科技產業中保持領先地位。

## 如何發現真正的千里馬

### 1. 多向部下提問,了解他們的內心世界

管理者應該習慣性地向下屬徵求意見,從中了解他們對問題的認知及解決方案。提問不僅是了解問題,更是了解部下如何思考和處理問題的過程。這樣的交流能幫助領導者更好地辨識員工的潛力,發現他們的長處和短處,從而決定如何更好地培養他們。

## 2. 觀察員工的品行與責任感

領導者可以故意透露一些不太重要的公司情報，看看員工是否能保守祕密。保守商業祕密是一個員工必備的品質，若員工無法保密，那麼在重大任務的執行上，他的可靠性將大打折扣。

## 3. 追根問底，測試員工的真實度與承擔能力

有時候，員工的回答可能看似圓滑，實則未必真實。此時，領導者需要進一步追問，觀察對方的反應。若一名員工對問題回答得不慌不忙，並能清楚表達，則可能表明其具備良好的問題解決能力和誠實態度。

## 4. 測試員工的忠誠與堅定性

領導者可以故意派人與下屬進行密談，測試其忠誠度。如果員工在面對不利言論時表現出反感或異議，這可能表明他對公司或領導者的忠誠度不足。忠誠是企業營運的基石，因此這種測試能夠幫助領導者辨識潛在的問題人物。

## 5. 測試員工的廉潔自律

企業中，員工的廉潔是至關重要的。領導者可以透過讓員工經手財務或其他敏感事務，觀察其是否能夠在面對金錢誘惑時保持清廉。這不僅關乎企業的財務安全，也涉及到員工的職業道德。

### 6. 觀察員工的個人習慣和價值觀

管理者應該注意員工的個人行為,如是否沉迷於不健康的生活方式,這可能影響到他們的工作態度和執行力。員工的生活習慣和價值觀會影響他們在工作中的表現,因此了解這些能幫助領導者做出更好的判斷。

### 7. 挑戰員工,測試其勇氣和承擔責任的能力

有效的領導者會將一些具有挑戰性的任務交給員工,測試他們是否具有足夠的勇氣和責任感去面對挑戰。這樣的挑戰不僅能幫助領導者了解員工的能力,也能激勵員工發揮最大的潛力。

## 小心使用測試方法

雖然上述方法能有效辨識員工的能力和忠誠度,但也必須謹慎使用。過度依賴這些測試可能會導致員工感到不信任,甚至可能引發反感。如果員工察覺到自己被「試探」,這可能會破壞與領導者之間的信任關係,反而影響團隊的合作氛圍。因此,領導者需要靈活運用這些方法,並始終保持透明與信任。

## 善用細節發現人才

尋找並培養千里馬並非一蹴而就的過程,而是需要管理者在日常管理中不斷發現和培養員工的潛力。真正的領導者不僅要用眼光發現人才,還要懂得如何根據每個員工的特質進行有效

從適應到成長，如何發掘新員工的潛力，讓人才成為企業發展的推動力

的管理和激勵。透過細節管理，管理者能夠發現隱藏的人才，並使其發揮最大的潛力，從而為企業帶來持續的成長和成功。

## 從適應到成長，如何發掘新員工的潛力，讓人才成為企業發展的推動力

### 讓新員工感到被重視的重要性

在企業的營運中，新員工的加入往往是企業發展的關鍵。對於管理者來說，如何管理和重視新員工是企業能否持續穩定發展的關鍵因素之一。事實上，很多新員工擁有巨大的潛力，然而，這些潛力往往未能被及時發現和合理利用，原因多半與領導者對新員工的接納程度和對他們能力的認識不夠充分有關。

### ◎案例分析：星巴克如何發掘員工潛力，創造雙贏

在星巴克（Starbucks）的企業文化中，尊重與發掘員工潛力是成功的關鍵之一。霍華德・舒爾茲（Howard Schultz）在帶領星巴克發展時，始終堅持「員工是夥伴」的理念，並透過靈活的職位調整與發展機會，幫助員工發揮最大潛力，最終促成員工與公司的雙贏。

## 13 從發掘潛力到長期人才儲備,打造企業競爭力的關鍵策略

### ▶ 從基層員工到區域主管的轉變

一位原本在星巴克擔任咖啡師的員工 —— 露西（Lucy），起初並沒有管理經驗,只是每天負責泡咖啡與提供顧客服務。然而,門市經理發現她在與客戶互動時表現出色,能夠記住常客的口味,並且樂於協助同事解決問題。因此,經理開始給予她更多機會,例如讓她負責門市內部的小型活動,並參與排班與庫存管理的討論。

在公司內部發展機會與管理培訓的支持下,露西從一名普通咖啡師晉升為門市經理,最終成為區域主管,負責管理多家門市。她的成功並非來自於一開始就擁有的管理才能,而是來自於公司對她潛力的認可與培養。

### ▶ 企業如何避免錯失人才？

這個案例凸顯了一個關鍵管理原則：不要急於判斷員工的價值,而是應該透過觀察與適當的職位調整,發掘他們的真正潛能。

然而,並非所有企業都能做到這一點。一些公司過於強調短期績效,當員工在特定職位上無法立刻展現價值時,便迅速做出裁員決定,導致許多具潛力的員工被錯誤淘汰。因此,成功的管理者應該有耐心,並提供員工成長與轉型的機會,這不僅能提升個人價值,也能為企業創造更大的競爭優勢。

從適應到成長，如何發掘新員工的潛力，讓人才成為企業發展的推動力

# 如何重視和培養新員工的潛力

## 1. 提供充分的公司資訊與發展前景

讓新員工了解公司文化、發展方向以及他們在公司中的角色，有助於他們迅速適應並產生歸屬感。當新員工了解公司的現狀和未來的發展前景時，他們會更加安心並投入工作。

## 2. 安排經驗豐富的老員工進行指導

讓新員工與經驗豐富的老員工一起工作，透過師徒制的方式加速他們的業務熟悉度，並且讓新員工在日常工作中學會如何應對各種挑戰。這不僅能提升他們的工作效率，也能讓他們更快融入公司文化。

## 3. 聆聽新員工的意見和建議

新員工由於缺乏固定的工作經驗，他們往往能夠發現公司營運中的不足或潛在問題。管理者應該鼓勵新員工提出建設性的意見，並且對其給予正面的回應。這樣不僅能激發新員工的工作熱情，也能讓他們感受到被重視和尊重。

## 4. 適時提供挑戰性的任務和發展機會

當發現新員工具備潛力時，管理者應該適時地為他們提供具有挑戰性的任務，並給予他們足夠的支持與指導。這樣，員工能夠在實踐中提升自己，發揮最大的潛能，從而為公司創造更多價值。

### 5. 保持長期眼光，重視員工的成長與發展

重視新員工的潛力並不僅僅是看眼前的業績，更要有長期的規劃和眼光。幫助新員工找到最適合他們的職位，並提供持續的培訓和發展機會，是管理者的長期責任。

## 善待新員工，培養未來的核心力量

新員工是企業未來的核心力量。管理者應該根據他們的特長和潛力，為他們提供適合的工作環境和成長機會。透過合理的職位安排、關心員工的心理需求和提供挑戰性任務，企業不僅能夠提升員工的工作動力，還能有效挖掘其潛力。最終，這些新員工將成為企業未來發展的重要推動力。

# 未來競爭的關鍵：企業人才儲備策略

## 企業人才儲備的關鍵性

企業的成功不僅取決於當前的業績和短期目標，更依賴於長期的發展規劃與人才儲備。領導者應該有長遠的眼光，提前做好人才的儲備與培養工作。正如體育隊伍需要在現役球員之外儲備足夠的後備力量一樣，企業也需要在業務發展的不同階段，為未來的挑戰做好準備。

## 如何為企業儲備人才

### 1. 建立長期的人才視野

　　成功的領導者不僅專注於當前，還會著眼於未來。他們會在平時的人際交往中，主動辨識並接觸到潛在的人才，為未來的需求儲備一批優秀的員工。這樣的領導者會提前規劃，並根據行業發展趨勢和企業自身需求，開始尋求並儲備後備人才。事實上，人才的競爭在某些行業中愈發激烈，提前準備好人才，能讓企業在競爭中保持先機。

### 2. 確保有數量才有品質

　　許多領導者過於注重招募少數頂尖人才，而忽視了人才的數量和多樣性。事實上，成功的企業往往不僅依賴幾個明星員工，而是建立一個穩定的、多元的人才庫。這不僅能在業務需求增長時提供支援，還能確保在快速變化的市場中，企業能夠迅速調整策略，保持競爭力。例如：像蘋果和 Google 這樣的公司，會積極招募多領域的專家，並組織跨部門的合作，這樣不僅能保證技術創新，也能提高產品的品質與競爭力。

## 成功的管理者應具備哪些要素？

### 1. 平穩過渡的繼任規劃

　　領導者在選擇繼任者時，必須選擇有潛力的員工，並給予他們足夠的支持與資源來發展。繼任計劃是企業順利營運的重

要保證,特別是在領導層變動時,能夠確保業務的連續性和穩定性。

## 2. 選擇合適的評估標準

每個員工的能力不同,所需的培養方式也不相同。成功的管理者會根據員工的特點,為其量身定做培養方案和考核標準。這樣可以確保每位員工都能在最適合的職位上發揮所長,為公司創造最大的價值。

## 3. 提供客觀的回饋

評價和回饋對於員工的成長至關重要。管理者應該根據事實和數據,給予員工真實、客觀的回饋,這樣能幫助員工在未來的工作中發現問題並加以改進。

## 4. 選拔人才的多元化策略

在選擇繼任者時,管理者應避免將目光集中在單一人選上。成功的選拔通常來自多名候選人中的比對與選擇。這樣能確保選出的繼任者不僅符合當前需求,還能夠在未來的挑戰中展現更強的領導力。

## 長期人才儲備是企業持續發展的基石

企業的發展離不開人才的支持。領導者應該始終保持對未來的遠見,及早儲備所需的人才,無論是在技術領域還是管理

層。這樣，企業才能在面對快速變化的市場環境中，保持穩定的發展，並擁有足夠的後備力量來應對挑戰。只要企業做好人才儲備，無論未來遇到什麼樣的困難，都能夠迎難而上，持續走在行業的前端。

13 從發掘潛力到長期人才儲備，打造企業競爭力的關鍵策略

# *14*
# 掌握幽默技巧，化解衝突、增強溝通，打造高效領導風格

幽默不僅是一種社交潤滑劑，更是管理者提升領導力、強化團隊氛圍的關鍵技巧。適當的幽默能緩解緊張情緒、化解衝突，讓溝通更順暢，增強員工的信任感與向心力。本章將探討如何運用幽默提升領導魅力，在關鍵時刻化解難題，營造更和諧、高效的工作環境，讓團隊在輕鬆氛圍中發揮最大潛能。

## 幽默領導力：
## 如何用幽默增強影響力與團隊合作

### 幽默與領導力

幽默是一種強大的社交工具，它不僅能拉近人與人之間的距離，還能增強領導者的親和力。無論是在總統競選還是企業領導，幽默都能在言談中展現智慧與魅力。對於領導者而言，掌

14 掌握幽默技巧,化解衝突、增強溝通,打造高效領導風格

握幽默的藝術,能有效化解尷尬,促進人際關係的和諧,並且能在壓力之下保持冷靜。

## ◎案例:伊隆‧馬斯克如何運用幽默增強領導魅力

伊隆‧馬斯克(Elon Musk)不僅是特斯拉(Tesla)與太空探索技術公司(SpaceX)的執行長,也是一位善於運用幽默來激勵員工、吸引公眾關注並化解壓力的企業領袖。他的幽默風格讓他在高度競爭與壓力巨大的科技產業中,仍能保持與團隊的親和力,並在全球建立強烈的個人品牌。

### 一、提升個人形象與魅力

馬斯克的幽默感,使他與一般企業領導者形成鮮明對比。他常在公開場合和社群媒體上展現風趣的一面,讓科技話題變得更容易親近,這不僅吸引投資者與消費者,也讓員工更樂於與他合作。

例如:當馬斯克在 2018 年推出 Tesla Roadster 上太空計畫時,他幽默地說:「我們想把一輛紅色 Tesla 放在太空,因為這樣感覺很酷。」這句話不僅展現了他的創新思維,也讓科學變得更有趣,使全球對 SpaceX 的品牌關注度大幅提升。

### 二、促進人際交往與合作

作為領導者,馬斯克在公司內部會議中,經常透過幽默來緩解壓力。例如:當特斯拉的 Model X 延遲上市時,員工們承

受著巨大的壓力，馬斯克在會議中開玩笑地說：「這款車的設計太先進了，以至於我們自己都無法製造它！」這句話讓員工忍不住笑了出來，原本緊張的會議氣氛瞬間變得輕鬆，也讓團隊更有動力去解決問題。

此外，他在 Twitter 上與員工和粉絲互動時，經常使用幽默回應問題。例如：有粉絲問他：「你什麼時候能讓 Tesla 飛起來？」他回覆：「大概是在月球上吧！」這種輕鬆幽默的對話，使他與員工和消費者建立了更緊密的連繫。

### 三、化解緊張與衝突

馬斯克的幽默不僅能提升個人魅力，還能在面對批評或挑戰時，**有效地化解衝突。**

2018 年，當特斯拉遭遇財務壓力，市場對公司的未來充滿質疑時，馬斯克在財報會議上被問及公司是否會破產，他幽默地回應：「當然，特斯拉確實有時會瀕臨死亡，但我們總是像電影主角一樣，在最後一刻拯救世界！」這句話不僅化解了投資者的焦慮，還展現出他的自信與韌性，使市場對特斯拉的信心回升。

## ▶ 幽默如何提升領導力

伊隆·馬斯克的成功案例顯示，幽默不只是娛樂工具，更是一種強大的領導策略。透過適時的幽默，領導者能夠提升個人形象、增強團隊凝聚力，並在面對挑戰時化解壓力與衝突。

14 掌握幽默技巧，化解衝突、增強溝通，打造高效領導風格

這種領導風格不僅讓他在科技產業中獲得極高的影響力，也使他的企業能夠在競爭激烈的市場中持續創新與成長。

## 幽默的影響力

### 1. 提升個人形象與魅力

幽默是一種極佳的表達方式，能有效展現領導者的智慧與風度。適當的幽默可以使氣氛輕鬆愉快，讓團隊成員感到舒適與放鬆。當領導者運用幽默來表達自己的觀點時，不僅能緩解緊張的氛圍，還能以獨特的方式引導大家思考。例如：一句得體的幽默話語可以打破僵局，使人與人之間的距離瞬間縮短，進一步建立信任與理解。

### 2. 促進人際交往與合作

幽默能作為人際交往中的潤滑劑，增進互動中的親和力。它能讓人們在不自覺中打破心理障礙，促使交流變得更加順暢。比如：當提出一個敏感要求時，用幽默的語氣表達，能避免讓對方感到為難或尷尬，達到一種既輕鬆又有效的溝通。

### 3. 化解緊張與衝突

在集體工作中，衝突和分歧是難免的。這時，幽默的作用尤為顯著。恰到好處的幽默能有效緩解因意見不合而產生的緊張情緒，將可能的對立化為合作的契機。領導者使用幽默來調節衝突，不僅能讓各方冷靜下來，還能促進雙方在未來達成更好的共識。

## 幽默的實際應用

### 1. 輕鬆化解尷尬情境

在處理突發事件或不愉快的情況時，幽默能迅速轉變局面，減少負面情緒的影響。英國前首相威爾遜曾用幽默化解被小孩投擲雞蛋的尷尬場面，他巧妙地將不愉快的事件轉化為正面的討論，既化解了現場的緊張，又提升了自身的魅力。這種幽默的技巧不僅幫助他走出了困境，也讓他在觀眾心中留下了深刻印象。

### 2. 教育與批評中的幽默

在批評與指導部下時，幽默可以是一個極為有效的工具。它不僅能減少被批評者的防衛心理，還能促進雙方更開放的交流。幽默批評使人不僅能從中學習，還能在輕鬆的氣氛中反思自己的行為，進而達到教育的目的。這種方式比直接的批評更加具有建設性，也能避免不必要的情緒對抗。

### 3. 穩定群體情緒

在一個群體內，若出現情緒不穩或衝突的情況，幽默可以是一個非常有用的調解工具。正如挪威探險家赫伊葉爾達勒所言，在極端環境中，幽默能幫助團隊保持積極的心態，減少不和諧因素的影響。領導者透過幽默的方式，使團隊成員能夠以輕鬆的心態面對挑戰，進而提高團隊的凝聚力與向心力。

## 幽默的力量

幽默不僅是一種社交技巧,更是一種有效的領導工具。領導者運用幽默,可以改善人際關係,化解矛盾,並營造積極的工作氛圍。它能讓團隊成員在輕鬆的氛圍中達成共識,提升整體合作效率。因此,作為領導者,懂得如何運用幽默將大大提升你的領導魅力,讓你在各種場合中都能遊刃有餘,贏得支持與尊敬。

# 透過細緻溝通與善意建議:讓下屬感受到尊重與關懷

## 提供善意的建議

給予下屬善意的建議,不僅能幫助他們提升自己,還能增進彼此的信任與關係。尤其當你在提出建議時,注意語氣和方式,讓對方感受到你對他們的關心而非指責。例如:對女性下屬說:「這個髮型很好看,如果稍微剪短一些,會更顯得可愛」會讓她感到你在關心她的形象,而不僅是單純的建議。

## 偶爾展現自己一兩個小缺點

表現自己的小缺點,有助於拉近與下屬的距離,讓他們覺得你更加真誠、親切。例如:可以偶爾承認:「這個問題我

也曾經犯過，當時我也是這麼處理的。」這樣的自嘲會讓下屬感覺你並非完美無缺的人，而是能理解他們的處境，進一步建立信任。

## 記住對方所說的話

關心並記住下屬的話語，尤其是他們的興趣和嗜好，能讓他們感受到被重視。當你在下次對話中提到對方之前談到的興趣，無論是關於生活、工作還是夢想，這不僅讓他們覺得你關心他們的生活，還能促進彼此的溝通和關係。例如：「上次你提到喜歡攝影，最近有沒有拍到什麼好照片？」這樣的問題會讓他們更願意與你分享。

## 及時發覺對方微小變化

關心對方的微小變化，能讓他們感受到你的關心與細心。無論是下屬的衣著、髮型，或是其他小的變動，及時給予肯定都能拉近彼此的距離。例如：「這條領帶很有品味，是新買的嗎？」這樣不僅能表現出你的關心，也能讓下屬感覺到你的細心。

## 呼叫對方名字

呼叫下屬的名字，能讓他們感到親切與被認可。頻繁使用名字不僅能提升彼此的親密感，還能讓下屬感受到被尊重和重視。

當你在會議中提到某位下屬的名字：「王小姐，對於這個問題妳有什麼看法？」這樣的提問會讓對方感受到自己的意見被重視。

## 提供對方關心的「情報」

對下屬的興趣保持關注，並在未來的對話中分享有價值的「情報」，能進一步增強彼此的關係。比如如果你知道某位下屬喜歡某個領域，當你在會議後提供相關的資訊或建議時，這會讓他感受到你對他們的關心，並會增加對你的好感。記住對方感興趣的事物並在合適的時候提出，會讓下屬覺得你關心他們並且在工作之外也願意為他們提供幫助。

## 善用語言力量：提升領導魅力，強化團隊凝聚力

語言的力量在職場中極其重要，尤其作為主管，懂得如何利用語言建立良好的關係能促進團隊的合作與信任。透過善意的建議、關心下屬的變化、記住他們的話語等細節，能讓下屬感受到你是真心關心他們的，進而增強團隊的凝聚力與工作效率。

作為領導者，學會運用這些技巧，將有助於提高你的領導魅力，建立一個更為融洽且高效的工作環境。

# 機智應對：化解挑戰，展現領導風範

## 應對困境的智慧

在商業交際中，領導者往往會遇到各種不如意的情況，這時適當的口才和策略能夠幫助你擺脫困境，保持自尊。正如一位大企業的老闆，雖然在社交場合被諷刺受教育不高，他卻巧妙地用幽默化解了對方的攻擊：「沒錯，我來自窮困的家庭，當別的小孩做模型飛機時，我卻在做模型饅頭。」這樣的幽默自嘲不僅化解了尷尬，也使他在現場贏得了尊重。

## 應對譏諷的反擊策略

當面對譏諷或輕視時，保持沉默往往意味著默認對方的看法，而進行機智的反擊則能有效地扭轉局勢。當有同事以不太友善的語氣說：「別聽他吹，他沒有賠本就算萬幸了。」你可以用幽默回應：「這人看到我兩手空空就以為我賠了本，真該給你看一看我的存摺。」這樣不僅能巧妙擺脫困境，還能展現自信與風度。

## 機智的自嘲

在一些社交場合，幽默的自嘲是一種巧妙的應對策略。比如：當一位美國金融家試圖戲弄蕭伯納時，他機智回應：「我的

思考不值一美元。」這樣的反應不僅展示了他非凡的智慧，還能在惡意挑戰中站穩腳跟。當面對惡意譏刺時，應選擇回應的時候，盡量用幽默而非尖刻的語氣來反擊，這樣能有效減少對方的氣焰。

## 拒絕的智慧

在社交場合，面對無理的請求或不必要的邀約，能夠果斷而又禮貌地拒絕，是維護自己立場的必要技能。無論是借錢的請求，還是購買不需要的商品，精心選擇拒絕的語言至關重要。對於不合理的借錢請求，你可以說：「目前公司資金周轉不過來，實在無法幫忙。」這樣的拒絕能保持尊重，又不會讓對方感到受傷。

## 機智的拒絕策略

除了簡單的否定，「婉拒」是另一種有效的策略。當被推銷商品或邀請參加活動時，你可以將「否定」變成「解釋」：例如：「這個產品很好，不過現在有點太貴了，我更偏好……」這種語氣委婉且具建設性，能有效避免直接衝突，並且給對方留下空間。

## 機智應變：化解挑戰，展現領導風範

在商業交往中，擁有良好的應變能力是成功領導者的必備素養。無論是面對外部的挑戰、內部的譏諷，還是日常的拒絕，領導者都應該運用幽默、機智和策略來應對困境，保持自信並展示風度。這不僅能幫助你從困境中擺脫，還能提升你的人際交往魅力，讓你在職場上更加出色。

14 掌握幽默技巧，化解衝突、增強溝通，打造高效領導風格

# *15*
# 專注力打造高效職場：聚焦核心工作，提升團隊競爭力

在快節奏、高壓力的職場環境中，專注力決定了工作的效率與品質。當團隊能夠聚焦核心目標，避免分心與低效溝通，整體競爭力將大幅提升。管理者需要引導員工排除干擾，優化時間管理，確保每個人都能將精力投入最重要的任務。本章將探討如何培養個人與團隊的專注力，透過優先排序、精簡流程與目標導向的工作方式，打造高效能的職場文化，確保企業在競爭激烈的市場中保持領先。

## ▌專注力致勝：如何集中精力提升工作效率

### 集中精力是提升工作效率的關鍵

在現代職場中，專注於手頭的工作是提高效率的最有效方法之一。許多工作者因為無法集中精力，結果工作進展緩慢，甚至無法順利完成任務。與此相反，那些能夠專心致志完成一

件事情的人，往往能在短時間內取得顯著的成果。無論面臨多少事情，專注於一項任務並完成它，能夠顯著提高工作效率。

## ◎案例：山姆・奧特曼如何透過專注力引領 OpenAI 成為 AI 領導者

山姆・奧特曼（Sam Altman）是 OpenAI 的執行長，他的成功不僅來自於卓越的管理能力，更關鍵的是**對人工智慧（AI）發展的極度專注**。在競爭激烈的科技產業中，他選擇將全部精力投入 AI 研究，確保 OpenAI 能夠在全球 AI 革命中保持領先地位。

### 一、專注於人工智慧，放棄其他產業機會

在加入 OpenAI 之前，奧特曼曾是 Y Combinator（YC）的總裁，該機構是全球最知名的創業加速器之一，幫助 Airbnb、Dropbox 等公司成長。他本有機會繼續管理 YC，甚至投資更多不同產業的企業，但他選擇放下這些機會，將全部精力投入到 AI 領域，因為他深信 AI 是未來最具顛覆性的技術。

當 OpenAI 還是一個非營利組織時，他大膽推動公司轉型，將其發展為具商業競爭力的機構，確保 OpenAI 擁有足夠資源來發展先進的 AI 技術，如 GPT-4 和 ChatGPT。這種專注力使 OpenAI 從一家新創實驗室成為全球 AI 技術的領導者。

## 二、全力投入 AGI 研究，不受短期利益影響

奧特曼的目標不只是開發語言模型，而是實現通用人工智慧（AGI, Artificial General Intelligence），即擁有類似人類智慧的 AI。他拒絕讓 OpenAI 陷入短期獲利的誘惑，而是專注於長期技術突破。

例如：許多科技公司專注於短期應用，如 AI 行銷工具或自動化客服，但奧特曼選擇集中資源開發更先進的大型語言模型，即使這需要長時間投入大量計算資源與資金。他的這種專注策略，使 OpenAI 能夠持續推出具有突破性的 AI 產品，保持技術領先地位。

## 三、專注執行關鍵計畫，忽略外界干擾

在 2023 年 AI 產業競爭白熱化時，許多公司開始進行 AI 道德辯論，或因為市場壓力而調整策略。然而，奧特曼選擇保持專注，不受市場噪音影響。他不斷強調 OpenAI 的核心目標：「確保人工智慧的發展造福全人類。」

即使面對政府監管、競爭對手的壓力，甚至 OpenAI 內部的組織變革，他始終保持清晰的策略方向，確保公司團隊專注於技術發展與產品創新，而不被外部挑戰分散注意力。

### 專注力讓 OpenAI 走在 AI 變革的最前沿

山姆・奧特曼的成功關鍵在於極度專注於人工智慧的發展，無論是放棄 YC 的管理機會，還是全力推動 AGI 研究，他始終

15 專注力打造高效職場：聚焦核心工作，提升團隊競爭力

堅持專注於最具影響力的領域，並帶領 OpenAI 在 AI 革命中取得領先地位。他的故事證明，唯有專注於長遠目標，才能真正推動技術創新，創造全球影響力。

## 如何提高集中精力的工作習慣

對於工作中的每一項任務，專注是成功的關鍵。這也是為何一些人在工作中取得成功，而有些人卻始終無法突破。以文文為例，她在一家出版社從事校對工作，並且為自己定下了一條原則：除非遇到緊急情況，否則全身心地投入到當前的工作中。她專心致志地工作，發現這樣的習慣讓她提高了效率，並且覺得工作不再枯燥，反而充滿了挑戰和成就感。

## 精力集中帶來的益處

當你專心致志地工作時，你會發現工作壓力減輕，精力更加集中，工作效果大大提升。而且，專注的工作狀態還能激發你對工作的熱愛，進一步提升工作中的快樂和效率。正如一位科學家所說，「如果能將一畝草地的所有能量集中在蒸汽機的活塞上，那麼它所產生的動力足以推動世界上所有的磨粉機和蒸汽機。」這說明了專注和精力集中的巨大價值。

## 實踐集中精力的策略

1. **制定每天的任務清單**：將當天的工作計畫寫下來，並將其放在桌旁，這樣可以隨時提醒自己專注於當前的任務。

2. **設定適當的干擾時間**：在忙碌的工作中，設置專門的時間段，讓同事知道在特定時間內可以與你交流，避免頻繁的干擾。

3. **使用時間表**：設立短時間內完成一件事的計畫。例如：設定30分鐘專注完成一項工作，這樣能保持新鮮感並防止疲勞。

4. **戴耳機隔絕噪音**：如果需要專注處理重要任務，耳機能幫助隔絕外界噪音，創造一個更加集中的工作環境。

5. **選擇合適的時間做重複性工作**：有些工作可能較為枯燥，最好在一天結束或精力較為疲憊的時候進行，避免將重複性工作放在精力最充沛的時段。

6. **限制私人電話時間**：避免在工作時分心去接私人電話，這樣會使工作效率大打折扣。

7. **保持桌面整潔**：一個整潔的桌面可以幫助你快速找到需要的資料，減少時間浪費。

8. **改變觀念，讓工作變得有趣**：將工作視為一個挑戰，讓它變得更加有趣，這樣能讓你更加專注於任務，並提升工作效率。

## 培養專注力：提升效率，打造高效團隊

集中精力不僅是提高工作效率的關鍵，還能改善工作態度，讓你在繁忙的工作中依然能保持清晰的思路和高效的執行力。作為領導者，要注重培養自己和團隊的專注力，這將使工作更加順利，並且能夠在競爭中脫穎而出。

# 發掘與培養核心下屬：
# 企業永續發展的關鍵策略

## 發現與觀察潛力

作為一位主管，精心培養核心下屬是企業長期發展的關鍵。首先，領導者需要從日常的工作互動中觀察下屬的專業能力和領導特質。特別是在壓力情況下，他們如何處理挑戰、調整計畫，及他們的領導風格是否與你的管理風格契合，這些都是發現潛力的重要指標。當找到合適的骨幹人選後，可以進一步與他們討論未來的發展計畫，了解他們的態度和意圖，並在此基礎上進行針對性的培養。

## 開放交流與雙向學習

當你辨識出合適的核心下屬後,與他們進行開放和非正式的交流非常重要。在這個過程中,領導者不僅是為下屬提供指導,還應當表達對他們未來發展的支持。「我已經觀察你的表現,並相信你有潛力成為一位出色的領導者,我願意幫助你成長,同時我也能從你身上學到很多。」這樣的表達能夠激勵員工,讓他們感受到自己的價值。

在這個過程中,管理者應該根據對下屬工作的了解,針對他們需要幫助的領域進行具體指導。這不僅限於專業技能的提升,還應該包括如何應對困難、如何調整工作方法等。給予充分的支持和回饋,使他們在實際工作中不斷成長。

## 授權與學習

當你第一次將重要任務交給下屬時,應該理解這是一個學習的過程。不要期待一開始就能完美無缺。事實上,從錯誤中學習是成長的必經之路。對於那些剛開始接手大任的下屬,當他們犯錯時,管理者應該展現出耐心與支持。最重要的是,錯誤後的反思與總結,這樣下屬才能真正從中學習,提升他們的處理問題的能力。

當下屬犯錯時,避免急於批評,而是應該提供建設性的回饋,協助他們找出改進的路徑。這樣的支持不僅能增強他們的信心,也能加深彼此間的信任。

15 專注力打造高效職場：聚焦核心工作，提升團隊競爭力

## 激勵與支持

一位好的管理者知道如何在困難時刻激勵下屬，這不僅僅是在順利時期提供讚美，更多的是在逆境中提供鼓勵和支持。良好的領導者能夠以誠懇的態度鼓勵員工，讓他們在困難時仍然保持積極的心態，並且繼續努力向前。在這些時刻，領導者的支持能夠激發下屬的士氣，使他們重新充滿信心和力量。

## 微軟的管理模式

微軟作為全球知名的科技公司，對員工潛力的發現和培養有著獨到的見解。微軟注重員工的實際能力，而非學歷和背景。微軟的管理層會積極在內部尋找最適合的員工，並在他們表現出色時及時提升。這種模式讓微軟在競爭激烈的市場中保持了強大的創新和競爭力。

微軟在選擇經理時，也強調員工的潛力和領導能力，而不是僅僅依賴過去的經驗和資歷。這使得微軟的領導層能夠保持靈活性和創新性，並不斷突破業績紀錄。

## 培養核心下屬：打造企業永續發展的基石

作為一位主管，精心培養核心下屬是公司可持續發展的基石。透過對員工潛力的發掘和長期支持，不僅能提高團隊的整體能力，也能為企業的未來打下堅實的基礎。在這個過程中，

領導者需要具備耐心、智慧和敏銳的洞察力，才能真正做到發現和培養那些能夠帶領公司走向未來的優秀人才。

# 提升組織管理能力：打造高效團隊與企業競爭優勢

## 組織管理能力的定義與重要性

組織管理能力是指在實現目標的過程中，靈活運用各種方法來有效協調和組織各種資源與力量的能力。它包括兩個主要方面：協調關係的能力和善於用人的能力。對於企業或任何組織來說，管理者的組織管理能力至關重要，因為它直接影響到企業的發展與員工之間的合作氛圍。隨著社會系統的複雜化和工作需求的多樣化，現代管理者不僅需要專業技能，還需要具備良好的組織與領導能力來確保團隊高效運作。

## 培養組織管理能力的途徑

### 1. 心理準備與責任感

一個成功的組織者首先需要具備強烈的責任感。這種責任感是內在的驅動力，能讓管理者在面對困難時保持積極態度。良好的心理準備能夠幫助管理者在面對挑戰時，保持自信和冷靜。例如：從小培養團隊合作能力或在團隊中輪流擔任領導職

位，能讓成員積累經驗，逐漸提升組織管理能力。這不僅有助於應對短期的挑戰，還能為未來的職業生涯鋪路。

## 2. 贏得團隊成員的支持

成功的組織者不僅依賴權力和地位，更重要的是贏得團隊成員的信任與支持。這不僅限於授權和指導，還包括對成員的關心與理解。作為領導者，必須尊重每一位團隊成員的貢獻，並在他們需要幫助時伸出援手。當團隊成員信任領導者時，他們將更願意支持並跟隨領導者達成共同的目標。這種支持和信任的建立，通常源自於長期的溝通和真誠的關懷。

## 3. 傾聽與整合意見

良好的組織者往往擅長聆聽並整合來自團隊成員的不同意見。每個團隊成員的想法都值得尊重，無論他們的職位如何，無論他們的意見看似多麼微小。在面對多元意見時，領導者應該具備分析和整合這些意見的能力，找到最符合整體利益的解決方案。透過這種方式，不僅能夠提升團隊的凝聚力，也能使每位成員都感受到自己對團隊的貢獻和價值。

## 4. 清晰表達觀點與溝通

有效的溝通是組織管理中的關鍵。管理者必須學會清晰、具體地表達自己的觀點，使團隊成員能夠理解其指導思想和行動方案。這不僅是避免誤解，更是提升團隊合作效率的必要手段。避免使用過於抽象或難以理解的語言，而應該透過具體的

例子和實際情境來解釋自己的理念。這樣，團隊成員才能夠更加明確自己的職責和目標。

5. 統籌全面，提升應對能力

一個卓越的組織者能夠站在高處來統籌全局，並對各項任務進行周密規劃。制定清晰的策略與計畫，有助於凝聚團隊的力量，確保每個人都在為共同的目標努力。然而，在現實中，計畫不可能完美無缺，突發情況總是難以避免。因此，組織者需要具備靈活的應對能力，能在計畫無法順利執行時迅速調整方案，避免事態惡化。

## 實踐中的應用與微軟的管理模式

微軟作為全球領先的科技公司，其成功的組織管理模式值得借鑒。微軟的用人制度注重個人的能力，而非僅依賴學歷或背景。這使得每一位員工都有機會根據自己的特長來貢獻力量。管理者在挑選經理時，並不僅依賴傳統的資歷，而是更看重每個人實際的管理能力和創新思維。這種重視員工能力的做法，讓微軟在競爭激烈的市場中保持了強大的創新力和競爭力。

微軟還推崇「誰比我更聰明」的理念，鼓勵員工表達自己的想法和創意，而不是單純依賴上級的指令。這樣的開放式管理風格，讓每位員工都能發揮所長，進一步提升了整體團隊的工作效率。

## 卓越組織管理：統籌全局，帶領團隊走向成功

總而言之，組織管理能力是一個成功領導者不可或缺的素養。無論是在企業的日常營運中，還是面對突發挑戰時，具備良好的組織管理能力都能幫助領導者帶領團隊走向成功。透過不斷地提升自己的責任感、溝通能力、應對能力等，管理者可以更好地統籌全局，達成目標，並激勵團隊達到最佳表現。在這個過程中，培養核心下屬和發掘團隊潛力同樣是不可忽視的重要任務。

# *16*
# 掌握高效工作時間：
# 提升效率與時間管理的關鍵策略

時間是職場中最寶貴的資源，能否有效管理時間，決定了個人與團隊的生產力。高效的時間管理不只是盲目加快節奏，而是透過精準規劃、優先排序與減少低效工作的干擾，確保每分每秒都能發揮最大價值。本章將探討如何掌握高效工作時間，透過目標導向的管理策略、靈活調配工作節奏，幫助個人與團隊提升效率，實現事半功倍的成果，進而強化企業競爭力。

## 高效時間管理：
## 掌握最佳工作策略，提升效率與生產力

制定明確計畫、分清優先順序、合理分派工作、避免干擾與靈活應變，助你在職場中最大化利用時間，提高個人與團隊績效。在職場中，時間管理是提升工作效率的關鍵。無論是管理者還是員工，時間都是每個人公平擁有的資源，如何充分利用好這段時間成為了提高工作效率的核心。首先，制定一份完

善的工作計畫至關重要。許多人雖然會制定計畫，但往往並未深入思考如何有效指導工作的方向。真正有效的工作計畫應該有具體的時間安排、具體的目標設定和實際可操作的步驟。這樣的計畫能夠幫助你優先處理最重要的工作，避免無謂的時間浪費，從而提高效率。成功的管理者會花時間來詳細思考工作計劃，並在實施過程中根據計劃做出調整，這樣能確保高效且不會迷失方向。

## 分清事情的輕重緩急

在面對多項工作任務時，如何分辨哪些是最重要的、最急需完成的工作，並且依照優先順序來處理，是時間管理中的另一項關鍵。許多管理者和員工因為處理多項事務而感到疲憊，但若沒有優先級的排序，往往忙碌而無效。因此，將工作按輕重緩急分配，從最急迫、最重要的事項開始，這樣能確保每一項工作都能夠順利完成。懂得分清輕重緩急的管理者，能夠在高效運作的同時，也能保持團隊的穩定與合作。

## 有效分派工作

對於管理者來說，事必躬親並不是提升效率的最佳方式。事實上，當一個管理者親自處理所有工作時，會分散精力，反而難以完成大規模的管理任務。學會合理分派工作是提升團隊合作和工作效率的有效方式。這意味著管理者應根據每個員工

的特長和能力,將適當的任務分配給合適的人。這樣不僅能提高工作品質,還能促進下屬的成長和發展。合理分配工作能讓團隊成員更好地發揮自身優勢,從而提高整體效率。

## 盡量避免干擾

現代工作環境中,電話、會議和信件常常會打斷工作進度,影響工作效率。根據研究,這些干擾是許多管理者時間管理失敗的主要原因。當正在專心處理某項工作時,被電話中斷,思維很難重新集中,這會浪費大量的時間。為了有效減少干擾,可以選擇合適的時間處理電話,並且設立專門的時間來處理信件和回應會議。重要的是,要訓練員工和團隊成員,讓他們了解不必要的會議或無意義的電話是浪費時間的,並且制定規定來管理這些干擾源。

- **電話處理**:最好的方式是設定一個能幹的祕書,將不必要的電話轉交給他們處理,並且養成簡短的通話習慣。只有在真正必要的情況下,再由經營者親自處理。
- **會議管理**:會議應該是高效的交流工具,而不是浪費時間的形式主義。定期檢討會議的目的和結果,避免無意義的會議。對於必須開會的情況,確保會議的參與者都有準備,並且會後有清晰的結論和行動計畫。
- **信件處理**:信件的處理可以委託給下屬或祕書,自己只需要關注重要的回覆。這樣能有效節省處理時間。

16 掌握高效工作時間：提升效率與時間管理的關鍵策略

## 提高應變能力

時間管理不僅是安排計畫和分配任務，還包括應對突發狀況的能力。現實中，計劃無法完全預料所有情況，因此，當事情進展不如預期時，如何快速應變成為了高效管理的一部分。這就需要管理者具備靈活的應對策略，能夠在需要的時候調整計畫，並確保工作仍然可以有序進行。具備應變能力的管理者，能夠在混亂的情況下迅速找出最有效的解決方案，從而減少時間浪費和損失。

## ◎案例：黃仁勳如何透過高效時間管理帶領輝達成為 AI 巨頭

黃仁勳（Jensen Huang），輝達（NVIDIA）的共同創辦人兼執行長，以高度專注與精準的時間管理，成功將輝達從一家圖形處理器（GPU）製造商發展為全球人工智慧（AI）與高效能運算領域的領導企業。他的時間管理策略，包括明確的工作計畫、優先順序管理、有效分派任務與應變能力，讓輝達能夠在競爭激烈的科技產業中持續領先。

### 一、制定嚴謹的工作計畫，確保高效執行

黃仁勳以極度自律的工作習慣聞名，他每天的行程經過精確規劃，確保每個時間段都能專注於最高價值的工作。他會根據輝達的發展策略，將主要精力投入技術創新、產業合作與企業

願景的推動，避免時間浪費在不必要的會議與瑣碎事務上。

例如：在 GPU 加速運算崛起的關鍵時期，他將大量時間投入研究 AI 與機器學習應用，確保輝達能夠成功轉型為 AI 領導者。他親自參與技術討論，確保產品發展方向與市場需求高度匹配，使 NVIDIA 在 AI 晶片市場中占據主導地位。

## 二、分清事情的輕重緩急，專注長遠策略

在輝達早期，市場上主要關注 GPU 在電競與圖形處理的應用，然而黃仁勳敏銳地意識到 AI 產業的潛力，果斷調整公司的資源分配，將資料中心、雲端運算與 AI 訓練列為企業的核心發展方向。

當 AI 需求尚未爆發時，許多企業仍在觀望，但黃仁勳選擇專注於推動 AI 晶片技術的研發，投資 CUDA 平臺與 AI 訓練架構，確保輝達在未來市場中取得領先優勢。這種專注與前瞻性決策，使輝達在 AI 運算需求激增時，能夠迅速提供業界最佳的運算解決方案，如 A100 和 H100 晶片。

## 三、有效分派工作，確保團隊高效運作

作為 CEO，黃仁勳深知單靠個人力量無法推動企業成功，因此他強調建立高效團隊，讓專業人才發揮最大價值。他將技術研發、商業策略與市場推廣明確分工，確保每個領域都有頂尖專業人士負責，而他自己則專注於產品願景、產業趨勢與市場策略。

16 掌握高效工作時間：提升效率與時間管理的關鍵策略

例如：當輝達進軍 AI 領域時，他授權技術團隊主導 AI 晶片架構設計，而他則專注於與全球企業與政府機構建立合作，例如與 OpenAI、Google、Meta 及全球超級電腦中心的合作，確保 NVIDIA 的技術能夠廣泛應用。這種有效的分工，使輝達能夠在 AI 市場快速擴展。

**四、避免干擾，專注推動技術創新**

在科技產業，外部干擾與市場變動頻繁，但黃仁勳強調專注於核心競爭力，避免短期市場波動影響決策。

為了確保專注力，他會減少不必要的內部會議與瑣碎決策，讓團隊能夠自主運作，而他自己則將時間投入在與技術專家、產業夥伴的深度討論上。例如：在 AI 模型發展快速變化的時期，他確保自己與研究團隊保持密切交流，確保輝達的技術始終走在市場最前端，而不被短期市場趨勢牽制。

**五、具備高效應變能力，掌握市場變化**

時間管理不僅是制定計畫，還需要靈活應對市場變化。黃仁勳的決策風格以快速應變與果斷調整策略著稱。例如：當區塊鏈挖礦市場對 GPU 需求激增時，輝達迅速推出專為挖礦設計的顯示卡（CMP），確保不影響遊戲與 AI 市場的穩定供應。同時，當挖礦市場需求下降時，他又快速調整產能，將資源重新聚焦於 AI 與資料中心應用。

這種靈活的應變能力，讓輝達能夠在變化快速的科技產業中，始終保持市場領先地位，並確保資源能夠投放到最具價值的領域。

### 高效時間管理助輝達成為 AI 產業的領導者

黃仁勳透過嚴謹的時間規劃、專注於最重要的策略決策、有效分派工作、減少干擾與靈活應變，確保自己能夠最大化利用時間，推動輝達在 AI 產業的領導地位。他的成功案例顯示，高效利用最佳工作時間，不僅能提升個人決策力，更能帶動整個企業在市場中取得競爭優勢。

## 掌握最佳工作時間：優化管理，提升團隊效率

高效利用最佳工作時間，關鍵在於時間的合理規劃、任務的分配以及對干擾的有效控制。對於管理者來說，精心制定計畫、分清優先級、有效分派工作和減少干擾是提高工作效率的重要手段。進一步的，管理者應該具備應變能力，能夠在變化中保持工作的連續性和高效性。當所有這些策略有效配合，團隊和企業的整體效率將大幅提升，從而促進組織的長期發展和成功。

## 16 掌握高效工作時間：提升效率與時間管理的關鍵策略

# ▌克服拖延，提升效率

### 今日事今日畢

許多人在工作中經常感到壓力山大，總是無法按時完成計畫中的工作，最終不得不依賴加班來補上時間。然而，這樣的惡性循環會讓工作效率逐步下降，甚至會影響身心健康。拖延往往是一個漸進的過程，一開始只是小小的推遲，但一旦習慣養成，就會讓人逐漸失去對時間的掌控，最終拖延成為一種自我怠誤的表現。

《今日歌》中的名句「今日復今日，今日何其少，今日又不為，此事何時了？」提醒我們，人生的每一天都是有限的，如果我們不珍惜今天的時間，拖延只會使未來的問題更加複雜。

### 制訂工作計畫

有效的時間管理始於良好的計畫。美國某研究顯示，許多管理者一天平均有五個半小時用於談話，但卻沒有足夠的時間完成工作任務，原因就在於時間未被有效利用。成功的管理者會花大量時間周密地制定計畫，確保每一天的工作都有明確的目標和時間表。這樣的規劃能幫助他們高效地完成工作，而不是讓時間白白流逝。

湯瑪斯·愛迪生的故事則是另類的啟示。愛迪生對工作投入極大的熱情，甚至在婚禮結束後也不忘去實驗室，顯示出他對時間的極致珍惜。他的成功正是源於對每一分每一秒的把握。

## 克服拖延的原因

拖延的原因五花八門，有些人對工作感到枯燥乏味，不想動手；有些人則是面對艱巨的任務時，因為無法見效而選擇延後處理。為了解決這些問題，我們可以從以下幾個角度入手：

- **枯燥乏味的工作**：當工作內容不讓人興奮時，可以考慮將工作分配給其他人，或者尋求外部幫助。這樣可以減少工作帶來的壓力，同時讓專業的人做更高效的處理。
- **工作量過大**：當任務顯得過於龐大無法立刻完成時，將其分解為小塊，逐步處理。每天專注於解決一兩個小任務，逐步建立進展感，這樣可以減少工作帶來的焦慮感。
- **無法見效的工作**：當工作無法立刻見效時，設立微型的短期目標來激勵自己。這樣能幫助你在長期項目中保持動力，從而逐步達成最終目標。
- **工作受阻**：如果不知從何開始，可以先從最簡單的部分入手，進行初步嘗試。例如：寫報告時，先不必過於糾結結構，可以先撰寫一部分，再根據實際情況進行修改和完善。

16 掌握高效工作時間：提升效率與時間管理的關鍵策略

## 時間管理的建議

為了克服拖延並提高工作效率，以下是一些管理時間的實用建議：

- **訂立每日目標**：每天早上列出今天需要完成的任務，並確定每項任務的時間框架，這樣可以讓你有清晰的目標，避免無目的的忙碌。
- **避免無效會議**：開會是企業中常見的時間浪費源。設定明確的會議議程，提前準備並確保會議內容不偏離主題，能有效減少時間浪費。
- **合理分配工作時間**：要知道何時最具生產力，將最重要的工作安排在這些時間段內。避免在工作精力最充沛時處理無關緊要的小事。
- **學會拒絕干擾**：在工作中，電話、資訊和社交媒體等都可能成為干擾源。學會設置時間段專心工作，並告訴他人何時不可以打擾。

## 高效時間管理：掌握今日，成就未來

「今日事今日畢」不僅是時間管理的一個警句，也是成功的關鍵。管理時間是一項需要自律和策略的技能，無論是分配任務、設立目標還是應對拖延，只有珍惜每一天，才能讓每一分每一秒都發揮出最大價值。學會高效利用時間，將會對提升工

作效率、減少壓力,並且在事業上取得更大成就起到至關重要的作用。

# 學會利用自己的失敗:從錯誤中成長

## 失敗是成功的根基

人生充滿著挑戰和變數,失敗幾乎無可避免。無論是在商業領域、個人生活還是學術成就上,失敗都是學習和成長的催化劑。就如《達爾文經濟學》作者保羅·歐莫洛所說,失敗無所不在,但正是這些失敗促使了我們的學習和進步。從跌倒中學會走路,從錯誤中學會修正,這些都是成功的必要過程。

然而,很多人因為害怕失敗而選擇不去嘗試。實際上,這樣的心態反而更容易讓人陷入停滯和迷失。勝利者從不害怕失敗,他們認識到失敗是必經之路,並從每一次跌倒中汲取力量。而那些因為恐懼失敗而不敢嘗試的人,永遠無法體會成功的喜悅。因此,學會從失敗中汲取經驗,並以此為動力,才是通向成功的真正途徑。

## 管理者如何戰勝失敗

作為一名管理者,失敗不可避免地會出現在工作或生活的某些環節。如何在失敗中走出來,並學會利用這些經歷對自己

進行提升，成為一個更出色的領導者呢？以下幾點是值得嘗試的策略：

### 接受不完美的自己

每個人都有優勢和不足，並不是每個領導者都能在所有領域都表現出色。管理者不應該因為某方面的不足而自卑，而是應該接受自己的不完美，並學會將自己的優勢發揮到極致。這樣的自信能夠幫助自己面對失敗時保持冷靜，不被一時的困難打擊。

### 不要過度依賴他人評價

許多人在面對失敗時，容易過度在意外界的看法。這種情況下，個人的情緒波動會影響判斷力，進而延誤工作進展。管理者應該擁有自己的目標和方向，不被外界的聲音所左右，這樣才能保持清晰的思維，並從失敗中吸取教訓。

### 學會珍惜當下

過於回顧過去的失敗或過於擔憂未來的挑戰，容易讓我們忽視當下的機會。管理者應該學會專注於當前的工作，把握眼前的機會，這樣才能真正高效地解決問題。任何時候，珍惜當下才是最重要的，因為成功往往隱藏在當下的每一個決定中。

### 不要輕言放棄

在面對困難時，很多人會選擇放棄，認為再努力也無濟於

事。然而,真正的成就來自於在最困難的時刻依然堅持下去。正如拿破崙・希爾所說:「在放棄所控制的地方,無法取得任何成就。」如果你能在失敗的時刻挺過去,那麼成功的喜悅將會更加甘甜。

### 積極面對風險與挑戰

生活本質上是一場冒險,面對風險我們有兩種選擇:要麼主動迎接,要麼被動等待。選擇勇敢地面對風險,承擔有限的挑戰,無論結果如何,都是成長的機會。即使是失敗,我們也會在過程中學會如何避免同樣的錯誤,並更具智慧地迎接未來的挑戰。

## 失敗的價值與機會

失敗並不代表結束,而是另一個開始的契機。許多成功人士都是在無數次的失敗後,透過不斷的調整和改進,最終才迎來了屬於自己的成功。失敗帶來的不僅是痛苦,還有學習和自我成長的機會。

例如:許多著名的發明家,如湯瑪斯・愛迪生,都經歷過無數次的失敗,但他們從未放棄過,反而將每一次的錯誤視為寶貴的經驗。正是因為他們懂得如何從失敗中獲取教訓,才得以在後來的努力中不斷創新,最終達到了成功的巔峰。

## 從失敗中學習：轉化挑戰為成長契機

　　失敗不應該成為我們放棄的理由，而應該是我們成長和進步的動力。學會從失敗中吸取教訓，並以積極的心態面對挑戰，才能實現自我突破，達成長遠的成功。作為管理者，真正的領導力來自於能夠在失敗中找到機會，並帶領團隊從失敗中走向成功。

# *17*
# 以真心贏得信任，打造高效團隊

　　信任是高效團隊運作的基石，唯有建立彼此信任的工作環境，才能讓團隊成員安心合作、發揮潛能，並在挑戰中保持穩定與凝聚力。管理者若能以真誠的態度對待員工，展現公平、公正與透明的管理方式，將能夠大幅提升團隊的向心力與效率。本章將探討如何透過信任建立團隊文化，運用開放溝通、授權與尊重，打造一支具備高度協作與執行力的高效團隊，為企業的長期發展奠定堅實基礎。

## ▎領導的真誠之道：用信任與行動打造高效團隊

### 真誠是領導的根本

　　在任何領導角色中，無論是對下屬、同事，還是合作夥伴，真誠是維持良好關係的基石。當領導者用真誠待人時，能夠建立信任，讓團隊感受到自己被尊重與重視。這種真誠的態度不僅能夠促進工作上的合作，還能在困難時刻凝聚團隊力量，推動集體向共同目標邁進。正如一句話所說，「只有真的聲音，才

能感動每個人；必須有真的聲音，才能和每個人一起在世界上生活。」用真誠感動每一名下屬，才能使領導者的影響力深入人心。

## 真誠的領導者：放下架子，虛心學習

一名卓越的領導者，不僅在工作上能夠誠心與下屬溝通，還能在學習中保持謙虛。真誠的領導者會放下身段，願意向下屬請教，尊重每一個人的知識和經驗。無論是工作中的創新建議，還是生活中的點滴關懷，真誠的態度都能夠拉近與下屬的距離，並促進團隊凝聚力。

## 真誠的領導行為

不真誠的領導者往往會在日常交流中表現出模稜兩可的態度，這樣的領導風格往往讓下屬產生不信任感。例如：當主管對下屬的計畫提出含糊不清的問題或隱晦地試探對方的意圖時，下屬會感到不安和困惑，甚至無法集中精力完成工作。這種不真誠的行為不僅影響了工作效率，還會在團隊中播下不信任的種子，最終破壞團隊的合作精神。

反觀那些真誠的領導者，他們行事坦蕩、言行一致，始終如一地尊重每一個人。例如松下幸之助，他從不以虛偽的言語來討好客戶，而是直言不諱地描述自己公司小工廠的情況，這樣的真誠話語打動了客戶，也換來了合作的機會。

## 做一個真誠的主管：具備必須的領導品質

作為主管，真誠不僅僅展現在言語上，還應該貫穿於日常的行為和決策中。以下幾點有助於管理者展現真誠領導力：

### 真誠稱讚

真誠的稱讚能夠激發員工的情感共鳴，增進彼此的信任和理解。當員工的努力得到真心的認可時，他們會更有動力投入工作，並且對領導者保持更高的忠誠度。

### 勇於承擔責任

一個優秀的主管必須勇於承擔責任，尤其是在團隊遭遇挫折時。領導者應該站在前線，為團隊的表現負責，而不是推卸責任。這種負責任的態度能夠贏得員工的尊重，並為團隊樹立榜樣。

### 個性化領導風格

每位領導者都應該擁有與自己性格相符的領導風格，這樣才能更真誠地與員工建立關係。如果過於模仿他人的風格，可能會造成不真誠的表現，無法真正激發員工的信任和合作。

### 精益求精，認真負責

管理者的責任心和對工作的精益求精，將直接影響到團隊的工作效率。高度負責的領導風格能夠帶動整個團隊的工作品質和士氣，讓員工感受到領導者的真誠和專業。

## 17 以真心贏得信任，打造高效團隊

### ▰ 誠實守信

誠信是領導者的立足之本。無論在處理內部管理還是與外部客戶的合作中，誠信始終是最重要的價值觀。李嘉誠曾說過：「你必須以誠待人，別人才會以誠相報。」這句話強調了誠信對於領導者的重要性。

### <u>行動勝過言辭</u>

領導力的真誠不僅展現在口頭上，更應該落實到實際行動中。僅僅透過空洞的言辭來表達關心，員工是不容易感受到的。反而應該透過實際的行動來證明對員工的關懷和支持。例如：對員工的付出給予實質性的回報，關心員工的職業發展，並在需要時提供幫助和指導。

## ◎案例：黃仁勳如何透過真誠的領導力贏得員工與業界的尊重

黃仁勳（Jensen Huang），輝達（NVIDIA）的創辦人兼執行長，不僅以技術創新聞名，更因其**真誠的領導風格**贏得員工、合作夥伴和業界的高度尊敬。他始終堅持誠實、透明和尊重的管理哲學，透過真心待人、勇於承擔責任與行動力，讓輝達從一家專注於圖形晶片的公司，發展為全球 AI 計算領域的領導者。

## 一、真誠是領導的根本：用透明溝通贏得信任

黃仁勳以開放且坦率的溝通方式與員工互動，他相信「最好的領導者是能夠與團隊站在一起，真正理解他們的需求與挑戰」。在輝達，每當面臨重大決策或市場變動時，他都會親自向全體員工說明公司的方向，而不是讓團隊在不確定性中徬徨。

例如：在 2022 年全球半導體市場需求波動時，他並沒有對外界隱瞞挑戰，而是直接向員工說明現狀，並承諾公司會積極調整策略，以確保團隊的長期發展。這種真誠與透明的溝通方式，讓輝達員工能夠更安心地面對市場變化，並對公司的決策充滿信心。

## 二、放下架子，向團隊學習

作為全球最具影響力的科技執行長之一，黃仁勳並不把自己擺在高位，而是親自參與技術討論，尊重每一位工程師與團隊成員的專業。他常常出現在公司內部的技術交流會議中，傾聽基層工程師的想法，甚至向他們請教技術問題。

在一次 AI 晶片架構討論會上，當一名年輕工程師提出一種新的設計概念時，黃仁勳並沒有急於否定，而是認真聆聽、思考，並鼓勵團隊進一步研究這個想法。這種放下身段、尊重專業的態度，使輝達的技術創新文化更加活躍，也讓員工感受到自己的貢獻能被真正重視。

### 三、以身作則，展現真誠領導行為

黃仁勳的真誠不僅展現在言語，更落實到行動中。他堅持言行一致，從不說空話，並用實際行動支持員工與合作夥伴。例如：

- **承擔責任**：當輝達在 2022 年面對供應鏈挑戰與市場需求波動時，他公開承認公司在部分市場預測上的誤判，而非推卸責任給員工或外部環境。他表示：「這是我們需要面對的挑戰，而我們會共同解決它。」這種負責任的態度讓員工對公司決策更具信任感。

- **親力親為**：在重大產品發表會上，他不僅擔任演講者，還會親自示範產品應用，甚至穿著代表性的黑色皮夾克，在輝達總部的咖啡廳與工程師聊天，親自體驗公司產品。他用行動向員工傳遞「我們是一個團隊」的訊息。

### 四、勇於承擔責任，建立團隊信任

一位真正的領導者，不會在團隊遇到困難時推卸責任，而是會勇敢承擔並帶領團隊走出挑戰。黃仁勳一直以**負責任的態度**領導輝達，當公司面臨挑戰時，他從不將問題歸咎於市場或競爭對手，而是尋找解決方案，並帶領團隊迎難而上。

例如：在 2018 年加密貨幣市場崩盤時，輝達的 GPU 銷售受到了巨大衝擊，導致庫存積壓與營收下降。當時，黃仁勳沒有責怪市場，而是迅速調整策略，將公司的重心轉向 AI 和資料

中心市場,這一決策不僅讓輝達成功走出困境,更奠定了未來在 AI 領域的領導地位。

## 五、誠信與承諾:讓合作夥伴與市場信任輝達

在科技產業,許多公司會為了市場競爭而誇大技術能力或產品性能,但黃仁勳始終堅持誠信經營,不誇大產品效果,也不做不切實際的承諾。例如:

- 在 AI 晶片市場競爭激烈的情況下,他曾公開表示:「我們的產品不能只靠行銷,我們必須確保它真正帶來價值。」這種誠實態度,讓客戶對輝達的技術充滿信心。
- 在與大型科技公司的合作中,他始終強調「長期合作關係應該建立在透明與信任的基礎上」,因此許多 AI 公司(如 OpenAI、Meta、Google)都選擇與輝達合作,使用其 AI 訓練晶片。

## 六、行動勝於言辭,用真誠影響員工與產業

黃仁勳的領導風格不僅展現在發言,更透過實際行動影響團隊與產業。他不只是發表願景,而是親自推動公司前進,例如:

- **關心員工**:當新冠疫情爆發時,他親自發信給所有員工,保證公司不會因疫情而裁員,並確保員工健康與工作環境安全。

## 17 以真心贏得信任，打造高效團隊

- **實際回饋社會**：輝達不僅投入資源於技術研發，也積極推動 AI 教育計畫，讓世界各地的學生與研究機構能夠獲得 AI 計算資源，這展現了他對產業發展的承諾。

### 總結：黃仁勳如何以真誠建立領導影響力

黃仁勳的領導風格充分展現了真誠的力量，無論是在內部管理、產業合作，還是市場策略上，他始終保持開放、透明、尊重與負責的態度。這種真誠的領導方式，讓輝達的員工對公司充滿信任，也讓客戶與產業夥伴願意與輝達建立長期合作關係。

他的成功案例證明，真正的領導力不僅來自於技術與決策能力，更來自於對人的尊重、對承諾的堅持，以及用行動證明一切的誠信態度。

## 真誠的領導力是成功的關鍵

真誠是一位領導者最強大的力量源泉。當領導者以真誠待人時，不僅能夠激發員工的最大潛力，還能夠創造一個和諧、信任的工作環境。作為主管，要學會真正關心員工，尊重他們的想法，並透過真誠的行為建立深厚的信任關係。這樣，團隊才能夠在困難面前保持凝聚力，並共同邁向成功。

# 謙虛的領導力：以開放與尊重打造高效團隊

從學習態度到團隊合作，探索謙虛如何成為領導者最強大的競爭力，推動企業長遠發展。

## 謙虛的真正含義

謙虛不僅是一種待人接物的態度，更是領導者必備的品質。謙虛並不是自我否定，也不是低聲下氣，它的真正含義是對自我的清晰認知，能夠看到自己的優點，同時也意識到自己的不足。這種態度能夠促使一個人不斷學習和成長，也能讓他在領導他人時，保持開放的心態，接受建議與批評。謙虛的領導者不會因為自己的成功而驕傲，而是會謙遜地向周圍的人學習，提升自己和團隊的整體能力。

## 謙虛的領導者更具競爭力

正如自然界的動物一樣，每個物種都有自己的生存優勢，但也有無法克服的缺點。成功的領導者與此相似，他們擁有強大的專業能力，同時能認識到自身的不足，並且具備改進和學習的態度。這樣的謙虛使得領導者在面對挑戰時，更能保持冷靜，並依靠團隊合作來克服困難。謙虛的領導者更能帶領團隊走向成功，並在競爭激烈的環境中保持優勢。

17 以真心贏得信任，打造高效團隊

## 謙虛的領導風格

謙虛並不意味著領導者放棄自己的權威，而是在行事時保持尊重與謙遜。真正的謙虛表現在以下幾個方面：

- **放下身段，願意學習**：謙虛的領導者會在工作中不斷學習，從團隊中的每一位成員身上吸取有益的經驗與知識。他們不會因為自己的職位或經驗而輕視他人的建議，反而會將每一條建議都視為值得參考的寶貴資源。
- **表揚下屬，激發士氣**：謙虛的領導者懂得在下屬表現出色時，給予充分的肯定和讚美。尤其是當眾表揚，能夠讓下屬感受到被尊重和重視，這不僅能提高下屬的士氣，還能增強團隊的凝聚力。
- **分享功勞，贏得人心**：謙虛的領導者懂得將成果歸功於整個團隊，而不是單獨自己。比如：在完成某個重要任務後，領導者會說：「這是我們共同努力的結果」或「某人帶領大家完成了這項任務」，這樣的話語能夠讓下屬感受到自己在團隊中的價值，並且更加忠誠於領導者。

## 謙虛促進企業發展

謙虛的領導者不僅能夠為團隊創造良好的工作氛圍，還能促進企業的長期發展。謙虛使領導者保持開放的心態，不斷尋求改進和創新的方法。這種態度能夠激勵團隊成員保持學習的

熱情，不斷提升自我。企業的成功不僅依賴技術和產品，更多的是依賴團隊的合作和領導者的智慧，謙虛能夠促使領導者與團隊保持良好的合作關係，推動企業健康、持續發展。

## 謙虛的領導力：更具人情味與影響力

謙虛的領導者能夠在困難時刻給予團隊支持，並用真誠的態度獲得團隊的信任。這種領導風格能夠使員工感受到領導者的關懷和尊重，從而增強員工的歸屬感和忠誠度。事實上，謙虛的領導力可以彌補許多技術或經驗上的不足，因為員工更願意為一位尊重他們的領導者付出努力。

## 謙虛是領導的強大武器

謙虛不僅是一種美德，更是領導者的重要品質。透過謙虛，領導者能夠更好地與團隊溝通，激勵下屬，並創造一個開放、合作的工作環境。謙虛讓領導者能夠聆聽他人的聲音，從而做出更加明智的決策，最終帶領團隊走向成功。因此，謙虛應該成為每一位領導者的必備素養，它不僅能促進團隊合作，還能推動企業的長期發展。

# 17 以真心贏得信任,打造高效團隊

## ■ 打造卓越溝通力:領導者必備的信任與影響力

### 誠實與信任:溝通的基石

成為一位優秀的主管,首先需要建立信任,而誠實是最強大的工具。人們不會輕易向不信任的人敞開心扉,尤其是領導者,必須要透過真實行事和決策來贏得下屬的信任。領導者應該表現出透明和誠實,並且始終如一地表達自己的想法,這樣才能夠建立起穩固的信任基礎。信任不僅是領導關係的基石,它還能夠為領導者贏得更多的支持與合作。

### 與人親近:真正關心下屬

領導者的成功並不僅僅取決於其知識或技能,更多的關鍵在於其是否能夠建立與團隊成員的真正連繫。正如名言所說:「人們不關心你知道多少,直到他們知道你有多在乎。」作為一名主管,應該有意識地縮短與員工之間的距離,了解他們的需求和感受。當領導者對下屬的情感和需求表示關心時,員工會更願意投入工作並支持領導。

### 明確具體:避免模糊不清

溝通的核心在於清晰和簡潔。在繁忙的工作環境中,時間是非常寶貴的資源,因此,領導者應該盡量避免長篇大論的模

糊表述，而應簡單明瞭地傳達資訊。具體而清晰的溝通能夠讓下屬快速理解要點，避免不必要的誤解或誤操作。這不僅提高了工作效率，還能促進團隊間的合作。

## 讓他人獲得更多：專注於貢獻

一位真正的領導者會將焦點放在貢獻上，而非個人得失。在溝透過程中，領導者不應該一味地關注自己從中得到什麼，而是要關心他人如何受益。當領導者關心他人的需求並將成功分享給團隊時，這不僅能提升團隊的士氣，也能讓員工感受到自己的價值，從而促進團隊的合作與凝聚力。

## 擁有開放的心態：接納不同意見

優秀的領導者總是保持開放的心態，願意聽取不同的意見和觀點。這樣的態度不僅能擴大視野，還能讓領導者更全面地理解問題，做出更加明智的決策。對於領導者來說，接受異議並非意味著放棄自己的立場，而是學會理解和分析各方意見，從中找出最合適的解決方案。

## 理解言外之意：有效的聆聽技巧

有效的溝通不僅僅是說話，更重要的是聆聽。頂尖的領導者往往能夠聽懂言外之意，理解對方沒有明說的感受和需求。

這種能力來自於敏銳的觀察力和對情境的深刻理解。領導者應該耐心地聆聽員工的聲音，並透過觀察語氣、表情等非語言信號來解讀真實的情感和需求。

## 掌控話題：清晰的主題指導

作為一名主管，掌控話題的能力至關重要。無論是在會議中還是與下屬的對話中，能夠將話題引導到重點並保持討論的方向，是一項重要的溝通技巧。領導者不僅要清楚地知道自己在說什麼，還要確保所說的內容與團隊的需求和目標保持一致，這樣才能最大限度地發揮溝通的效果。

## 成為善於溝通的主管

成為一位善於溝通的主管，需要具備誠實、親近、明確、開放的心態以及精確的聆聽技巧。這些能力能夠幫助領導者建立與下屬之間的信任，提升團隊的合作效率，並最終促進企業的成功。在這個資訊快速流通的時代，良好的溝通技巧不僅是領導者必備的能力，還是管理成功的關鍵。

# 18

# 形象領導力：
# 打造卓越魅力，建立管理影響力

　　領導者的形象不僅影響個人魅力，更直接關係到管理的成效與團隊的向心力。優秀的領導者能夠透過專業形象、言行舉止與決策風格，建立權威感與信任度，進而提升對團隊的影響力。本章將探討如何塑造領導者的個人品牌，從溝通技巧、行為舉止到決策方式，全面提升管理魅力，讓你在職場中展現卓越領導風範，帶領團隊走向更高層次的成功。

## ▎魅力領導：打造信任與尊重的高效管理之道

### 尊重員工：建立信任和良性循環

　　在現代企業文化中，「以人為本」成為了一個核心價值。尊重員工不僅是管理者的一種基本素養，也是領導者形象提升的關鍵因素之一。尊重能夠創造一個良性的工作環境，使員工感受到被重視，進而激發他們的工作熱情和忠誠度。例如：某企

業推崇「公司是我家」的文化，這種理念讓每個員工都能將自己的利益與公司目標結合在一起，積極貢獻於公司的長期發展。領導者應透過真誠的尊重來提升自身形象，並促進企業的凝聚力。

## 充分信任下屬：建立正向領導氛圍

信任是高效管理的基礎，對員工的信任能有效提高員工的自信心和工作積極性。在管理中，領導者應當給予下屬足夠的信任，並賦予他們決策權和責任感。這不僅能促進員工的獨立性，也能讓員工對領導者產生高度的信任和敬佩，從而建立良好的工作氛圍。信任讓員工感覺到自己被重視，並激勵他們更為投入地工作。

## 多建議，少命令：平等交流促進合作

領導者在與員工的互動中，應避免僅僅發出命令，而應更多地給予建議。命令往往會讓員工感覺到不平等，而建議則有助於建立起平等和開放的溝通環境。當領導者提出建議時，員工更容易感受到尊重，並且會更樂於接受領導的指導。這種方式不僅有助於促進員工的自主性，也能在團隊中培養積極的合作精神。

## 廣開言路，傾聽不同意見：促進良性討論

作為一名領導者，應該給予員工充分表達意見的機會，尤其在決策過程中，聽取員工的建議不僅有助於做出更加明智的決定，還能讓員工感受到自己在組織中的重要性。這種開放的態度能使員工更願意提出建議和意見，並且能夠提升員工的積極性和忠誠度。領導者不僅應該在會議中創造討論的空間，也應該在平時的工作中鼓勵員工提出不同的看法，這樣有助於形成健康的工作文化。

## 善待下屬，攬心有術：建立深厚的人際關係

管理者應該時刻關注下屬的情感需求，對待員工要如同「知己」，這樣才能激發員工的最大潛能。善待下屬包括給予他們足夠的認可和鼓勵，並且在員工表現出色時，給予公開的表揚和獎勵。領導者在獲得員工的信任與尊敬後，能更好地發揮員工的工作熱情，並激勵他們為組織的目標而奮鬥。領導者不僅要給員工提供發展機會，還應該在困難時刻給予支持，這樣員工會對領導者產生強烈的忠誠感。

## 勇於承擔責任：樹立榜樣

領導者應該在錯誤發生時勇於承擔責任，這不僅有助於維護組織的穩定，也能提升領導者的形象。當出現問題時，領導者

應該主動承擔責任，而不是推卸給下屬。這樣不僅能夠表現出領導者的責任心，也能讓員工看到領導者對工作負責的態度，進而增強員工的信任感和歸屬感。領導者的榜樣作用是團隊凝聚力的重要來源，承擔責任能夠激勵員工更加努力工作，並形成積極向上的工作氛圍。

## ◎案例：張忠謀如何透過魅力領導管理下屬，打造全球半導體帝國

張忠謀（Morris Chang）是台積電（TSMC）的創辦人，他不僅以卓越的企業管理能力聞名，更以魅力領導風格贏得員工的信任與尊敬。他深知，領導者的影響力不僅來自於專業知識，更來自於如何對待下屬。透過尊重員工、信任團隊、開放溝通與勇於承擔責任，張忠謀成功將台積電打造成全球最具競爭力的晶圓代工企業。

### 一、尊重員工：建立信任與良性循環

張忠謀始終堅持「以人為本」的管理理念，他認為企業的成功來自於人才，而人才需要被尊重與培養。

當台積電還是一家新創公司時，許多工程師來自不同背景，對半導體製程的理解也不盡相同。張忠謀並沒有用高壓管理，而是尊重每位工程師的專業能力，並鼓勵他們自由發揮。他會親自與基層員工對話，了解他們的想法，甚至在餐廳與工程師共進午餐，以拉近距離。這種尊重讓員工感受到歸屬感，進而

願意為公司全力以赴。

他曾說：「台積電不是張忠謀的公司，而是所有員工的公司。」這種管理方式，讓台積電內部形成一個良性的工作文化，使員工不僅為了薪資工作，而是真心希望與公司一起成長。

## 二、充分信任下屬：建立正向領導氛圍

台積電的發展歷程中，張忠謀並非事事親力親為，而是授權並信任下屬，讓專業人才負責各自的領域。

在 1990 年代，當台積電開始擴展海外市場時，張忠謀並未親自管理每個細節，而是將決策權交給不同的營運負責人。他相信：「一個企業的成功，來自於優秀人才的充分發揮，而非單靠一人之力。」這種信任不僅激發員工的責任感，也讓台積電能夠更靈活地應對市場變化。

他的信任機制，使台積電的管理團隊能夠獨立決策，最終形成高效且穩定的經營模式，確保公司在科技變革的浪潮中始終領先。

## 三、多建議，少命令：平等交流促進合作

張忠謀在管理台積電時，不喜歡以「命令」的方式下達指示，而是以建議的方式引導員工思考與決策。

在一次內部技術會議上，某位工程師提出一種新的晶圓製程技術，但這與當時的標準流程有所不同。張忠謀並沒有直接否定或下令員工放棄，而是與團隊討論其中的可行性，並讓工

程師自己評估風險與機會。最終，這項技術成為台積電在製程技術上的關鍵突破，幫助公司在半導體競爭中保持領先。

他的管理方式，讓員工感受到自己的聲音被聽見，進而更願意提出創新想法，推動公司持續進步。

### 四、廣開言路，傾聽不同意見：促進良性討論

張忠謀鼓勵開放式討論，無論是基層工程師還是高層主管，都可以直接向他表達意見。他認為：「領導者的智慧，不是來自於獨斷決策，而是來自於傾聽與整合。」

在一次公司決策會議上，某位年輕的工程師提出了一個與主流意見相左的觀點。當其他管理層認為這個想法不切實際時，張忠謀選擇耐心聆聽，並鼓勵工程師進一步說明。他相信：「偉大的點子往往來自於少數人的勇氣，而不是大多數人的共識。」

這種開放討論的文化，使台積電內部形成積極創新的氛圍，許多重大技術突破，都是在這樣的環境下誕生的。

### 五、善待下屬，攬心有術：建立深厚的人際關係

張忠謀非常重視員工的職涯發展，他不僅關心員工的績效，也關心他們的成長與未來。

當台積電開始全球化擴展時，公司內部有許多年輕工程師希望出國學習新技術。張忠謀不僅批准，更親自安排他們到國外受訓，讓他們有機會接觸最新的半導體技術。他的這種用心培養人才的方式，使許多員工對公司產生高度忠誠，願意長期

留在台積電貢獻自己的專業。

此外，當員工遇到個人困難時，張忠謀也以人為本，給予支持。例如：當某位資深工程師因家庭原因考慮離職時，他主動與員工對談，了解其困難，最終提供彈性工作安排，使這位工程師能夠兼顧家庭與事業，繼續留在台積電貢獻專長。

**六、勇於承擔責任：樹立榜樣**

真正的領導者，不會在面對挑戰時推卸責任，而是站在第一線承擔風險。

2008 年金融危機爆發時，全球半導體市場面臨嚴重衰退，許多企業選擇裁員來減少成本。然而，張忠謀選擇不裁員，而是降低公司內部成本，以確保員工的工作穩定。他認為：「領導者的責任，不是犧牲員工來保住企業，而是找到更好的解決方案。」

他的這種負責任的態度，使員工對公司充滿信心，願意在困難時期與台積電共同奮鬥。

**張忠謀如何以魅力領導管理下屬**

張忠謀透過尊重員工、信任下屬、開放溝通、善待人才與勇於承擔責任，建立了一個高度凝聚力的企業文化。他的領導方式，讓台積電不僅擁有全球最頂尖的半導體技術，也擁有一支忠誠且充滿熱情的團隊。

他的成功案例證明，真正的領導力來自於魅力管理，而非

權威壓制。透過真誠待人、開放交流與負責任的態度，領導者能夠贏得員工的尊重，並帶領企業邁向長遠成功。

## 魅力管理的核心是情感與信任的結合

一名成功的領導者在管理中展現出的是一種魅力，這種魅力來自於尊重、信任、建議、傾聽、善待下屬和勇於承擔責任的綜合表現。透過這些方式，領導者不僅能夠提升自身的形象，還能促進團隊的凝聚力和工作效率。魅力管理不僅是提升領導者個人威信的手段，更是塑造企業文化和提升整體競爭力的重要途徑。

# 領導者形象塑造：
# 打造專業、自信與人格魅力的策略

## 會議場合的領導者形象設計

在會議中，領導者的形象應當展現專業、果斷和親和力。首先，領導者應該穿著整潔、大方，給人以莊重且有精神的印象。步伐應穩健有力，根據會議的性質調整行走的速度，尤其是對快節奏的會議步調可稍微加快，而對較正式的會議則保持穩重。當主持會議時，無論是站立還是坐姿，都要注意保持身體的端正，避免出現不雅的動作。言語表達應簡明扼要，思

維清晰,並能根據會議的氛圍來調節語氣,無論是莊重還是幽默,都能讓會議更具活力和吸引力。

## 發言或演講時的領導者形象設計

發言時,領導者的形象應該展現出自信、專業與權威。走上發言臺時,應保持自然、自信的步伐,並注重語言的邏輯性和清晰度。在進行書面發言時,應避免低頭讀稿,保持與聽眾的視線接觸,這樣能夠讓聽眾感受到你的誠意與專注。同時,對於提問,領導者應保持冷靜並作出有理有據的回答,即使遇到批評,也應該用平和的心態處理,避免情緒失控。

## 領導者的媒體形象設計

在資訊發達的現代,媒體已經成為領導者形象展示的重要平臺。領導者在公開場合的每個舉動和言辭都會影響公眾對其的評價,因此在媒體露面時必須精心設計自己的形象。保持真誠、自信和專業,對大眾傳遞正面形象,並注意在言語和行為上保持一致性,這樣才能讓大眾建立對你的信任。

## 個性形象的培養

領導者的個性形象是其魅力的核心,擁有鮮明的個性能夠幫助領導者在員工中樹立起強大的影響力。要塑造獨特的領導風

格，領導者需要發掘和強化自己的優勢，並且保持真誠。例如：一些領導者以決策果斷和迅速行動為特點，而另一些則注重穩健發展，堅持一步一步踏實前行。每位領導者應該根據自己的優勢來塑造個性，並努力發揮特長，做出不同於他人的貢獻。

## 日常行為與形象一致

領導者的形象並非僅限於工作場合，日常行為也對形象塑造至關重要。在日常生活中，領導者應該保持一致性，做到言行合一，這樣才能在員工心中建立起真誠、可靠的形象。例如：領導者可以透過與員工的日常交流、了解他們的需求和困難來加深彼此的關係，而這樣的行為會使員工更加認同和支持領導者。

## 領導者的品格和魅力

品格是領導者魅力的核心，正直與誠信是建立信任的基礎。彼得‧杜拉克曾指出，管理者若缺乏正直，即便才華橫溢，也可能給企業帶來重大損失。因此，領導者必須保持高尚的品格，並時刻以身作則。品格的塑造是長期的過程，領導者應該不斷修養自我，強化自身的誠信與正直，這樣才能在員工中樹立起堅實的形象，並在企業中發揮深遠的影響力。

## 塑造領導者形象的綜合藝術

領導者形象的設計是一項全方位的工程，涵蓋了言談舉止、領導風格、品格塑造以及與員工的互動等各個方面。領導者應該從自我認識出發，發揮自身的優勢，並不斷根據時代發展和企業需求調整自己的形象。只有當領導者能夠在不同場合中展示一致且真誠的形象時，才能夠獲得員工的尊敬與支持，並為企業的發展創造長遠的價值。

# 塑造領袖人格魅力：從品格修養到行動實踐

## 正直品格：管理者的成功基礎

彼得‧杜拉克，管理學之父，曾說過：「如果管理者缺乏正直的品格，那麼，無論他多麼有知識、有才華、有成就，也會給企業造成重大損失。他破壞了企業中最寶貴的資源──人，破壞組織的精神，破壞工作成就。」這句話強調了正直品格對管理者的重要性。正直不僅是管理者的基石，也是企業成功的關鍵。正直的品格是經過自我修養和反思的結果，它是內在素養的展現，且需要透過持續的自我檢討和改進來培養。若缺乏高尚的品格，便無法建設崇高的事業，也無法享有幸福的人生。

## 管理者與人格魅力

在現代企業管理中,管理者的人格魅力常常是決定其成功與否的重要因素。管理者如果能夠關心員工的需求,理解並照顧他們的情感,就能贏得下屬的尊敬與愛戴。這不僅有助於建立良好的工作氛圍,也能使管理者在團隊中擁有更高的影響力。人格魅力能夠增強與他人的合作,促進團隊的凝聚力,這些都能轉化為管理者的競爭優勢。

## 人格魅力的來源

人格魅力不僅依賴天賦或才華,更多的是來自一個人的品德與個性。正如許多成功的領導者所展示的,他們往往不僅具備才華,還有寬容、友善和積極的個性特徵。這些性格特質深深影響了他們的領導風格與人際關係。人格魅力是可以培養的,並非先天固定不變。如果能夠以積極的心態來面對自己的人格,並努力進行自我改變,就能塑造出具有魅力的個性。改變自己並不意味著完全放棄原本的特質,而是透過不斷努力提升自己的優點,減少不足之處。

## 改變與塑造人格魅力

改變已經形成的人格並不容易,但它並非不可能。每個人的個性都是逐步形成的,它是由日常的行為、思考方式和情感

反應所構成的。因此，若想改變個性，就需要從一點一滴的小事開始。改變自己的語言方式、行為習慣、情感表達等，都能逐漸塑造出更具人格魅力的自己。人格的改變源自思想、行動和情感的三大基礎。思想決定行動，而行動則反映了我們的內在特徵。當我們從內心開始改變，並努力在行為中展現出積極和友善的特質時，會自然地吸引他人的關注和喜愛。

## 行動是關鍵

當別人評價我們的人格魅力時，他們根據的並不是我們的思想或內心，而是我們的行為。無論是言語、舉止還是臉部表情，這些都是他們所見到的外在表現。人格魅力的培養不僅僅是改變思想，更要在日常的行動中不斷實踐。透過反思和自我調整，我們可以逐步改變行為模式，從而塑造出更具吸引力的人格。真正具有魅力的人，往往能夠以真誠和積極的態度影響周圍的人，並贏得他們的支持和尊敬。

## 塑造人格魅力：提升領導力，增強競爭優勢

人格魅力是一種無形的資本，它能為管理者帶來巨大的影響力和競爭優勢。透過自我修養、改變行為和思考方式，管理者可以逐步塑造出一個更具吸引力的人格。這樣的改變不僅有助於提升管理者的領導力，也能使企業在激烈的競爭中脫穎而出。

# 18 形象領導力：打造卓越魅力，建立管理影響力

# *19*
# 智慧授權：
# 打造高效團隊，提升企業競爭力

　　優秀的管理者懂得「授權」並非放任，而是透過智慧分工，讓團隊成員在適當的職責範圍內發揮最大潛能。適當的授權不僅能提升工作效率，減輕管理者負擔，更能激發員工的責任感與創造力，讓團隊運作更靈活。本章將探討如何掌握授權的核心技巧，避免失控與低效分工，打造自主高效的團隊，進而提升企業的整體競爭力。

## ▍授權的藝術：穩控大局，釋放組織潛能

　　在管理過程中，許多中層管理者常面臨一個難題：當主管的工作繁重，授權吧，總覺得不放心，擔心出問題；不授權吧，不僅自己累得無法應付，還可能被員工議論。然而，若企業想要做大做強，領導者必須學會放權與授權，這不僅是必要的，也是必須的。只有那些具備放權與授權胸懷和遠見的領導者，才能帶領企業走向更大成功，否則只能開設一個小型作坊，難

以擴展。

放權和授權的前提是：對被授權的對象和事情有完全的掌控或擁有一個健全的約束制度。否則，放權不僅無法提升效率，反而可能對企業帶來負面影響。授權的力度越大，所帶來的傷害也可能越大。因此，在進行授權之前，管理者應該根據被授權人的道德素養和專業能力來決定授權的範圍和程度。

## 克服放權的困難

在企業發展的過程中，放權是無可避免的。當領導者決定放權時，首先面臨的困難就是是否能克服自身的障礙。許多主管將權力集中在自己手中，忙得不堪重負，無暇顧及更多事務。這些管理者並非不願放權，而是因為找不到「稱職」的候選人。實際上，管理者不應只依賴「稱職」的員工，而應該根據部下的潛力和基礎來進行授權。放權初期，雖然會減少直接掌控的權力，但這是企業發展的必經之路。

在放權的過程中，管理者可能會遇到部下在承擔責任後產生的麻煩。這時，倒退並非解決之道，必須正視這些困難，並積極改變當前狀況。首先，領導者應該願意替部下承擔責任，這樣部下會更有信心去接受挑戰。其次，對被授權的部下應該保持耐心與理解，並給予適當的指導與支持。隨著時間的推移，這些部下會逐漸成長，發揮出色的能力。

授權的藝術：穩控大局，釋放組織潛能

## ◎案例：蔡明興如何透過
## 　　　授權帶領富邦銀行成為臺灣金融領導者

　　蔡明興，富邦金控（Fubon Financial Holding）副董事長，長期推動富邦銀行的發展，並透過有效的授權機制，讓富邦銀行從一家本土銀行成長為臺灣最具影響力的金融機構之一。他深知，在快速變動的金融市場中，領導者不可能事必躬親，因此，他選擇掌握大方向，放權給專業團隊，確保銀行穩健發展並持續創新。

### ▶ 大權要握好，小權要下放

　　蔡明興始終掌控富邦銀行的整體經營策略、重大投資決策與風險管理，確保企業朝向正確的發展方向。然而，在數位金融、海外市場拓展與產品開發等具體業務上，他則選擇授權給高層主管與專業團隊，讓專業經理人負責執行，確保決策能夠快速落實。

　　例如：在推動富邦銀行的數位轉型時，蔡明興並未親自干預技術開發，而是授權給數位銀行團隊，讓專業人員主導金融科技（FinTech）創新，包括 AI 智能客服、區塊鏈應用與行動支付服務。這種授權方式，使富邦銀行能夠迅速推出創新的數位金融產品，提升客戶體驗，並在數位銀行競爭中保持領先。

　　此外，富邦銀行積極拓展海外市場，如中國、越南與香港等地，蔡明興並未親自管理當地分行的日常營運，而是授權區

19 智慧授權：打造高效團隊，提升企業競爭力

域主管負責市場策略與業務推展，確保當地團隊能夠根據市場需求快速調整策略，靈活應對變化。

### ▶ 克服放權的困難

在銀行管理中，授權的最大風險來自於風險控制與內部監管。蔡明興深知這一點，因此，他建立了一套嚴格的風險控管與內部審查機制，確保即使放權，銀行的運作仍然保持高標準。

他要求各部門定期回報關鍵業務指標，並透過資料分析監控各項業務風險。此外，他也強調「授權不等於放任」，每位高層主管在獲得決策權的同時，也必須對結果負責，確保銀行的穩定成長。

透過這種授權模式，蔡明興成功帶領富邦銀行持續擴展業務，並在數位金融與海外市場競爭中保持領先地位，使富邦銀行成為臺灣最具國際競爭力的金融機構之一。

## 建立良好的授權文化

成功的放權不僅是簡單的責任轉移，更是一種對部下的信任和支持。在放權的過程中，管理者需要積極協助部下建立威信，並幫助他們適應新的責任。同時，管理者也應該透過溝通和鼓勵，讓其他員工理解放權的目的和意義，從而保持團隊的凝聚力。

如何讓員工理解主管的信任並接受這種管理方式呢？以下

幾個策略值得嘗試：

- **明確的政策**：員工需要清楚理解主管的意圖和職責，只有在明確目標的基礎上，放權才能真正發揮作用。
- **良好的溝通**：上級與下級之間保持暢通的溝通管道，讓員工能充分發揮潛能，做出優異表現。
- **盡量少干預**：在信任的基礎上，讓員工自主決策，管理者應避免過多干預，並確保目標和任務的明確性。
- **持續的改進**：放權的管理方式應保持長期穩定，避免因管理上的變化而變動不居，並透過回饋不斷改進經營方式。
- **發揮潛力員工**：給予員工放權後，他們能夠顯示出出色的工作能力，對企業和員工的發展都有巨大的促進作用。

## 智慧授權：平衡放權與控制，推動企業成長

適當的放權和授權是企業發展和管理人才培養的關鍵。合理的授權能激勵員工的積極性，提高他們的工作效率和責任感。管理者應該學會平衡放權與控制，既能夠給員工足夠的空間，也能確保公司營運的順利進行。放權不是一個簡單的過程，而是一項需要智慧和勇氣的管理策略，成功的放權能為企業帶來更大的發展空間。

## 19 智慧授權：打造高效團隊，提升企業競爭力

# ▍激發員工潛力：
# ▍如何透過授權與支持打造高效團隊

日本索尼公司名譽董事長盛田昭夫曾說過：「公司的成功之道不是理論，不是計畫，也不是政府政策，而是人，只有人才會使企業獲得成功。」這句話強調了人才對企業成功的關鍵作用，也顯示出主管在領導過程中的重要性。主管必須學會如何有效組織團隊，發揮每一個人的潛力，讓他們協同合作，推動企業前進。

### 讓下屬發揮潛力的價值

在許多工作中，主管往往因為不信任下屬，而選擇親自管理每一個細節。然而，這樣的做法往往限制了下屬的發揮，造成工作效率低下。相反，給予下屬發揮空間，不僅能夠激發他們的工作熱情，還能讓他們發現自己的潛力，提升整體工作成效。適當的授權能讓下屬更好地發揮其特長，而不會因為長期從事不擅長的工作而感到壓力重重，甚至萌生換工作或換環境的念頭。

### 如何幫助下屬充分發揮潛力

要讓下屬發揮出最大的潛力，主管可以從以下幾個方面進行改進：

## 1. 營造寬鬆的環境

　　一個和諧、輕鬆的工作環境對員工至關重要。主管應該創造一個尊重與信任並行的工作氛圍，聆聽下屬的意見，並讓他們感受到自己的想法被重視。授權不僅是對下屬能力的肯定，也是對其尊嚴的尊重。批評時應注意方法，應該針對錯誤指出，而非當眾指責，保持適當的距離感，避免損害下屬的自尊心。

## 2. 保持親密並用之所長

　　主管應該與員工保持親密關係，讓他們感到安全和受到信任。在工作中，要根據每位員工的特長進行分工，讓每個人都能在自己擅長的領域發揮最大的優勢。當員工發揮所長時，他們會更有信心，也會更加願意接受批評並克服自己的不足。

## 3. 建設優秀的團隊

　　隨著企業發展，團隊的合作能力越來越重要。主管需要將時間和精力投入到團隊建設中，幫助成員們清楚了解目標、職責及工作方向。初期，主管應該多投入時間來培訓下屬，並提供支持，幫助團隊逐步適應新職責。當團隊逐漸運作穩定後，主管應定期檢視工作進展，激勵團隊保持前進動力。

## 4. 根據下屬特點區別對待

　　每位員工的需求不同，因此主管應該根據員工的特點來進行個性化管理。對於主動型員工，可以給予更具挑戰性的工作，讓他們在工作中發揮創造力；對於較為保守的員工，則應該給

他們穩定且能發揮潛力的任務。這樣的區別化管理能夠使員工在工作中找到樂趣，並充分發揮各自的能力。

**放手授權的細節管理**

授權是一種策略，能夠幫助下屬發揮潛力，但在實施授權時，主管也需要關注一些細節：

1. 清晰表達期望

在授權之前，主管應該明確告訴員工期望達到的工作結果和時間要求。這有助於避免誤解，並確保工作按照預期進行。

2. 給予信任，適度放手

給予員工一定的自主權，避免過度干預。當員工遇到問題時，主管應提供建設性的回饋，而非持續監控。

3. 合理分配工作

根據員工的能力和興趣合理分配工作，能夠提高工作效率，避免不必要的摩擦。

## 合理授權與支持：培養高效團隊，激發員工潛力

給予下屬適當的發揮空間和授權，能夠極大地提升團隊的合作能力和工作效率。主管在放手的同時，也應該關注員工的成長，提供支持與回饋，幫助他們在工作中發現自身潛力。透

過合理的授權與支持，主管能夠打造出一支高效、富有活力的團隊，從而推動企業向更高目標邁進。

# 精準授權與高效分工：打造競爭優勢的管理策略

在現今激烈的市場競爭中，如何保持競爭力並立於不敗之地，成為每個企業都需解決的課題。企業要在競爭中脫穎而出，必須注重管理的每一個細節。透過合理的工作分配，精確指導員工，才能有效提高工作效率，達到理想的業務成果。

## 正確的工作分配與授權

管理就是對資源、包括人力的恰當分配。分配工作不僅是將工作交給下屬，更重要的是透過授權，讓下屬有決策的權力和發揮的空間。每一項工作都需要對應一定的能力，而這些能力必須和員工的資質相匹配，才能保證工作高效完成並避免人才浪費。根據每位員工的能力和特長進行分配工作，能夠最大化地發揮員工的潛力。

此外，每個員工對工作的需求和偏好不同，這也影響他們的工作效率。有些員工擅長獨立工作，有些則偏好團隊合作。主管應該根據員工的特質和偏好進行工作分配，使每個員工都

19 智慧授權：打造高效團隊，提升企業競爭力

能夠在他們擅長的領域發揮最大的優勢。這樣不僅能提高工作效率，還能增加員工對工作的滿意度，從而保持員工的長期穩定。

## 有效的授權與放手

授權的過程中，管理者需要注意一些關鍵的細節，以確保授權的效果：

### 1. 了解自己的價值

當主管把工作和責任分派給下屬時，應該清楚自己在整個過程中的角色和價值。如果一位主管認為自己能比下屬做得更好，那麼他就可能未能發揮領導者的應有作用。主管應該專注於如何提升團隊的整體表現，並將日常的細節性工作交由下屬來處理。

### 2. 清楚表達期望結果

在分派工作時，主管應明確表達自己的期望結果和工作完成的具體時間。對於每個任務，主管要告知下屬具體的步驟和要求，確保不會出現模糊或誤解，這樣可以避免後期的重做或衝突。

### 3. 信任與放手

授權的另一關鍵要素是信任。主管應該給予下屬自主權，適度放手，避免過度干預。頻繁的檢查報告會讓團隊成員耗費

過多時間準備報告,卻無法專注於實際工作。主管應該定期與下屬溝通,提供必要的支持和指導,而不是時時刻刻都監控其工作。

## 4. 施加壓力而非負擔

有適度的壓力能激勵員工發揮創意並找到新的解決方案,然而,這種壓力應該是可控的,並且不會讓員工感到過度負擔。當團隊能夠掌控自己所做的工作時,他們會感到成就感,而非精神上的負擔。主管需要合理調配工作,避免團隊超負荷運行。

## 5. 承擔責任

授權並不等於推卸責任。主管應該對團隊的工作成果負責,即便授權給了下屬,最終的結果仍需由主管來承擔。推卸責任只會破壞團隊的凝聚力,讓員工對主管失去信任。

## 6. 下放讚揚

當下屬完成任務時,主管應該及時給予讚揚,這不僅能激勵員工,也能鞏固主管的領導地位。透過下放讚揚,主管能夠贏得員工的忠誠和尊敬,並在團隊內部樹立起自己的威信。

# 精準授權與分工：提升效率，強化團隊凝聚力

授權和工作分配並非簡單的任務,而是涉及許多細節的管理過程。管理者必須深入了解每位員工的特點,根據他們的能

19 智慧授權：打造高效團隊，提升企業競爭力

力、需求和偏好合理分配工作，同時給予他們必要的授權和信任。透過這些精細的管理措施，能夠提高工作效率、增強團隊凝聚力，最終為企業創造更大的價值。

# 20
# 納諫與授權：
# 激發團隊智慧，推動企業創新

　　成功的企業不僅依賴領導者的決策力，更仰賴團隊的智慧與創新能力。當管理者願意納諫，鼓勵員工提出建議，並適時授權，讓團隊成員在自主發揮中成長，企業才能持續進步，適應市場變化。本章將探討如何建立開放的組織文化，透過有效的納諫機制與授權策略，激發團隊智慧，促進決策效率，並推動企業在競爭激烈的環境中不斷創新與突破。

## ▋借力使力：善用員工智慧，推動企業創新

　　心理學研究表明，當團隊領導者能夠充分發揚民主，並給予下屬參與決策的機會，企業的生產力、員工的工作積極性和團隊的凝聚力會處於最佳狀態。員工的參與感越強，他們的責任感和主人翁意識也會隨之增強，從而更有動力為企業貢獻力量。

20 納諫與授權：激發團隊智慧，推動企業創新

## 參與管理的價值

當員工能夠平等地參與公司管理，提出建議並與管理層討論重要決策時，會感受到被信任，這使他們意識到自己的利益與企業發展密切相連。參與不僅讓員工有機會發表意見，還能帶來成就感和自我價值的實現。因此，主管應該創造有利條件，鼓勵員工提出合理化建議，並讓他們積極參與自主管理活動。

如果公司中的所有員工都僅按命令行事，即使公司規模再大，也很難發展。隨著公司規模的擴大，組織結構往往會趨於僵化，這樣的情況往往會導致員工無法充分發揮自身潛力。為了避免這種情況，主管應該保持開放的心態，鼓勵員工直接向管理層報告問題或提出建議，而不是僅限於經過多層級的審批和報告。這樣，員工能夠感到自己的意見被重視，從而激發更多的創新和貢獻。

## ◎案例：台積電如何透過員工參與管理，推動技術創新與企業成長

台積電（TSMC）是全球最成功的半導體企業之一，其成功不僅來自於領先的技術研發與精密的製造管理，更關鍵的是開放的企業文化，鼓勵員工積極參與決策，為企業獻計獻策。張忠謀在創立台積電時，便強調「人才是最重要的資產」，並建立了員工參與管理的機制，讓每位員工都能夠為企業的發展提供意見與創新想法。

## ▶ 建立員工參與機制,提升企業競爭力

台積電深知,創新的來源不僅來自高層決策,更來自第一線的工程師與技術人員。因此,公司設立了多種機制,鼓勵員工積極參與管理與技術改進,例如:

### 「員工建議改善制度(Suggestion System)」

員工可隨時提出任何技術改進、流程優化或管理改善的建議,經過內部評估後,若提案具可行性,公司會立即採納並給予獎勵。這不僅提高了生產效率,也激發了員工的創造力。

### 「技術創新競賽」

為了鼓勵員工突破現有技術限制,台積電每年舉辦技術創新競賽,讓工程師自由組隊,提出新的製程技術或生產方法,獲勝的提案將獲得資源支持,甚至應用於實際生產線。許多關鍵技術突破,如高效能晶片封裝技術、良率提升方案等,都來自這些內部競賽的成果。

### 「開放溝通文化」

公司定期舉辦「高層與員工對話會」,讓員工直接向管理層反映問題與想法,避免層層報告帶來的資訊遺失或延誤。這不僅提升了內部溝通效率,也讓員工感受到自己的聲音被重視,進而提升工作投入度與企業忠誠度。

20 納諫與授權：激發團隊智慧，推動企業創新

### ▶ 鼓勵基層工程師參與決策，推動技術創新

在台積電的工作文化中，一線工程師的聲音至關重要。許多技術優化方案，並非來自管理層的指示，而是來自於基層工程師的實務經驗與觀察。例如：在 5 奈米製程研發階段，一線工程師發現某些蝕刻工藝參數可以進一步微調，以提升良率，他們將此建議提交至技術改進小組，經過內部測試後，該技術改進被正式採用，最終大幅提升了製程穩定性與生產良率。

這種自下而上的技術創新文化，使台積電能夠持續在半導體製程領域保持領先地位，超越競爭對手如三星與英特爾，成為全球最先進的晶圓代工廠。

### ▶ 員工參與管理是企業長期成功的關鍵

台積電的成功證明，當企業能夠有效鼓勵員工參與決策，並為他們提供發展與創新的機會，員工將會更加投入，進而推動企業的技術發展與競爭力提升。張忠謀所建立的開放式管理文化，使台積電能夠吸引並留住全球最優秀的人才，並透過不斷的技術創新，成為全球半導體產業的領導者。

## 如何鼓勵員工提出建議

### 1. 聆聽並感謝員工的智慧

為了促使員工積極提供建議，主管需要建立一個「借用智慧」的文化，對員工的每一個建議表示感謝並加以重視。這不僅

能克服公司當前的挑戰,還能幫助發掘新的創意和解決方案。當員工感受到自己的建議被重視時,他們會更加積極地參與到公司未來的發展中。

## 2. 鼓勵日常的提案

單純依賴固定的提案制度可能並不足以激發員工的創造力。因此,主管應鼓勵員工在日常工作中提出建議和意見,包括對管理流程、工作環境的改進等。這些日常的建議往往能帶來意想不到的創新點子。

## 3. 提供空間與資源

例如:某些企業設置創作室,讓員工在閒暇時間使用工具進行創作,這樣不僅能激發員工的創造力,還能提高提案的品質。主管應該為員工提供自由發揮的空間和所需的資源,讓他們能夠在無壓力的環境中提出有價值的建議。

## 4. 歡迎不平與不滿的聲音

員工的疲勞、不滿或工作中的疑慮往往是改善作業流程和提升工作環境的關鍵。主管應該積極傾聽員工的聲音,並充分重視他們的回饋。這樣不僅能提高士氣,還能在日常管理中找到可持續改進的動力。

## 5. 迅速回應員工的建議

對於員工提出的每一條建議,主管都應該迅速回應,不論

## 20 納諫與授權：激發團隊智慧，推動企業創新

是接受還是提出改進意見。這樣能夠讓員工感受到主管的重視，並激勵他們提出更多有價值的建議。如果主管對建議不予理會，員工很可能會感到挫敗，甚至喪失繼續提案的動力。

### 鼓勵參與決策：激發創造力，驅動企業創新

鼓勵員工參與決策，並充分發揮他們的創造力，不僅能增強員工的責任感和主人翁意識，還能激發更多的創新和解決方案。主管應該創造開放、包容的環境，給予員工自由發揮的空間，並積極回應他們的建議。這樣，不僅能提升員工的積極性，也能為企業的發展注入源源不斷的創新動力。

## ▌傾聽員工心聲：提升管理效能的關鍵

俗話說，「一人難滿百人意。」作為管理者，即使再努力，也難免會遇到下屬的抱怨和不滿。這些抱怨可能是對管理決策的質疑，也可能是對工作環境或工作安排的不滿。面對這些抱怨，管理者應該如何處理？這不僅是考驗管理者處理事務能力的關鍵，也是改進工作方法、激勵員工積極性、提高工作效率的良機。

## 傾聽抱怨的重要性

員工的內心往往藏有許多難以言表的情緒，這些情緒有時候會悄然積累，最終可能爆發。經常有員工因為薪資等外在因素表達不滿，但這往往只是冰山一角，其背後往往隱藏著更多未表達的情緒。例如：員工可能因為長期不被重視或工作壓力過大而產生不滿，而這些問題若不及時處理，會對團隊和整個組織的氣氛造成不利影響。

下屬的抱怨，雖然是常見的現象，但若處理得當，卻能成為改善管理、提升團隊凝聚力和工作效率的契機。很多時候，員工抱怨的核心問題是他們感覺不到被重視，或者對公司的管理方式感到不理解。因此，管理者要給予員工發聲的機會，認真聽取他們的心聲。

## 如何處理下屬的抱怨

### 1. 正視抱怨，建立開放的溝通管道

許多管理者可能會認為自己已經有太多事情要做，聽取下屬的抱怨似乎是一種額外的負擔。他們認為公司有專門的部門處理員工問題，因此不必自己親自去聽取抱怨。然而，這種想法是錯誤的。作為管理者，聽取員工的抱怨是基本的責任。當員工感受到主管的關心時，會增強對工作的投入和忠誠度。開放

的溝通管道不僅能夠讓員工表達心聲，還能讓管理者及時了解團隊中的問題，做出改善和調整。

## 2. 建立信任感，避免疏遠員工

若管理者總是回避員工的抱怨或對抱怨不予理會，將會破壞員工與管理層之間的信任。當員工感到無人聽取他們的心聲時，會逐漸喪失對工作的熱情，甚至選擇離開。管理者應該積極聆聽員工的抱怨，並且以建設性的態度來面對。即便無法立即解決所有問題，但給予員工表達的機會本身，就是一種有效的支持。

## 3. 把抱怨視為改進的契機

許多員工的抱怨背後往往是對現有工作環境或工作流程的一種反思。管理者應該從中發掘改進的機會，看看是否有可以優化的地方。例如：如果員工反映工作量過大，管理者可以考慮是否是工作分配上出現了問題，或者是否需要引入新的工具和技術來提高效率。透過有效的聽取和改進，管理者不僅能解決問題，還能促進員工與組織的合作。

## 4. 積極回饋，避免拖延回應

員工提出的問題和抱怨應該得到及時的反應。管理者若忽視或拖延回應，會讓員工覺得他們的問題不重要，從而引發更大的不滿。反之，及時的回應不僅能解決問題，還能增強員工

對管理層的信任感。即使無法立即給予具體解決方案，也應該表達出對問題的重視，並告知員工正在積極處理。

## 傾聽抱怨：促進企業文化，提升管理效能

聽取下屬的抱怨是管理者不可忽視的責任。透過積極的聆聽和建設性的回應，不僅能夠解決員工的困惑，還能促進企業文化的健康發展。有效處理抱怨不僅能提高員工的工作積極性，還能幫助管理者發現問題、改進管理方法，從而提升團隊整體效率。

# 理性應對下屬頂撞：
# 提升管理智慧與團隊凝聚力

## 善待頂撞的員工，藉由包容與溝通促進團隊成長與和諧

主管與下屬之間的關係通常是融洽和諧的，但有時也會出現頂撞的情況。當下屬頂撞主管時，場面往往會變得尷尬，雙方可能會互相指責，甚至激化矛盾。這樣的情況不僅可能影響主管的威信，也可能損害團隊的凝聚力。面對下屬的頂撞，主管應該如何應對？這是一個考驗管理者領導智慧的關鍵時刻。正確的處理方式能夠化解矛盾，促進團隊的成長。

## 當下屬不能領會意圖時

有時候，下屬無法領會主管的真正意圖，這可能是由於主管未能清楚表達自己的想法或意圖不夠明確。在這種情況下，主管不能單純地指責下屬，而應該反思自己是否在溝通上有疏忽。主管可以花更多的時間與下屬進行交流，了解他們的困惑，並用更清晰的方式表達自己的意圖。這樣可以幫助下屬更好地理解工作要求，從而減少誤解和不必要的頂撞。

## 當下屬某些方面不如自己時

每個人都有自己的優勢和劣勢，這也包括主管和下屬。若下屬在某些方面不如主管，這並不代表下屬的能力不足，而是每個人都應該在自己的強項上發揮。主管不應該因為下屬某一方面的不足而貶低他們，應該尊重每位員工的優勢，並根據每位員工的特長分配適合的工作。這樣不僅能幫助員工發揮潛力，也能避免因為過高的期望而導致的矛盾和頂撞。

## 當下屬誤解自己時要有氣量

誤解是人際交往中常見的現象，當下屬誤解主管時，主管應該保持冷靜，不要對下屬產生敵意或進行對抗。主管應該主動與下屬進行溝通，澄清誤解，並幫助下屬理解正確的情況。尤其是當涉及到員工切身利益（如待遇、休假等）時，誤解是不

可避免的。在這樣的情況下，主管應該展現出包容心態，主動解釋情況，消除誤會，從而增強下屬對主管的尊重和信任。

## 當下屬頂撞自己時

頂撞是較為直接的反應，尤其是在情緒激動時，主管的反應至關重要。當下屬頂撞主管時，主管應保持冷靜，避免情緒化的反應。與其進行正面衝突，不如選擇冷靜地處理問題，讓自己保持理性。主管應該避免使用激烈的言辭或態度，並且不要和下屬爭高低。這樣不僅能避免情況惡化，還能讓下屬感受到主管的包容與大度，從而減少誤解和矛盾。

## 當下屬批評自己時

下屬的批評往往來自於對工作的真心關注，因此，主管應該歡迎下屬的批評。聽取批評能夠幫助主管更好地了解自己的不足，從而改進工作方式。在接受批評時，主管應該保持開放的態度，耐心聽完下屬的意見，不打斷或過早作出解釋。對於正確的批評，主管應該認真反思並進行改正；而對於不正確或片面的批評，主管應該理性分析，並給予適當的回應。這樣不僅能增強與下屬之間的信任，還能改善整體管理工作。

## 包容與溝通：理性面對頂撞，提升團隊凝聚力

善待那些頂撞你的下屬是每位主管必須具備的領導素養。處理頂撞時，主管應保持冷靜、理性，並採取適當的方式進行處理。與下屬的溝通應該是建設性的，尊重每一位員工的獨特性，包容其不足，並主動處理誤解。這樣不僅能避免矛盾升級，還能促進團隊和諧，提升整體工作效率。

# *21*
# 言而有信：
# 領導者的信譽與團隊信任的基石

　　領導者的信譽決定了團隊的向心力與企業的長遠發展。言而有信不僅是管理者應具備的核心素養，更是建立團隊信任與穩固組織文化的關鍵。本章將探討如何透過誠信管理來強化領導者的公信力，從承諾的履行、透明的決策到以身作則的行動，讓團隊成員對領導者產生高度信任，進而提升整體工作效率，打造穩健而富有競爭力的組織文化。

## 激勵員工：創建卓越團隊的關鍵策略

　　在企業中，員工的激勵是促進工作動力、提升績效、加快公司發展的重要手段。有效的激勵措施能讓員工朝著共同的企業目標邁進，並在這過程中不斷追求卓越。作為管理者，如何激勵員工，尤其是優秀員工，不僅有助於提升員工的工作滿意度，也能促進整個企業的穩定與發展。以下是一些常見且有效的激勵方式。

21 言而有信：領導者的信譽與團隊信任的基石

## 晉升機會

晉升一直是員工最期待的激勵措施之一。傳統的晉升制度至今在現代企業中依然具有重要作用，但這並不僅僅是提升職位那麼簡單，還涉及如何挑選合適的人才來擔任新的職位。當管理者決定晉升員工時，應該考慮到員工的潛力、技能、以及能否應對更大的責任。

在同一部門內晉升時，要考慮員工是否具備新的工作技能，是否能夠順利適應新的職責與權限。而在晉升到決策層時，則要考慮員工的領導能力和決策能力，是否能有效協調團隊並引領企業走向成功。晉升不僅是對員工過去努力的回報，更是激勵他們為公司貢獻更多的動力。

## 物質獎勵

物質獎勵是最直接且有效的激勵方式之一。胡雪巖的故事便是物質激勵的經典例子。在胡慶餘堂，員工的每一份努力都能得到相應的回報。當員工表現出色時，物質獎勵不僅是對他們辛勤工作的認可，也是對其他員工的激勵。員工對企業的忠誠感和對工作的熱情，也因為物質獎勵而進一步加強。

例如：員工在工作中表現突出或承擔重要任務時，獲得相應的獎金或股份，不僅讓員工感受到自己的價值，也能有效激發他們的工作熱情，讓他們願意為公司付出更多。

## 創新激勵機制

隨著企業發展的進步，激勵機制也應該不斷創新。傳統的晉升和物質獎勵是基本的激勵方式，但現代企業應該根據員工的需求和企業的發展狀況來設計更多元化的激勵措施。例如：提供更多的學習機會、給予員工更多的創造自由或賦予他們更高的決策權限，都是創新激勵機制的方式。

此外，對員工的關懷與支持也是激勵的重要方式。企業可以透過設立心理健康支持、提供靈活工作時間或更具吸引力的福利制度，來幫助員工減少壓力並提高工作滿意度。

## 榜樣的力量

最後，管理者自身的榜樣作用也不容忽視。領導者應該以身作則，展現出高度的責任感和使命感，並且對員工的努力給予真誠的肯定和感謝。當員工看到管理者真誠對待他們、重視他們的意見時，員工也會更加積極投入到工作中，並且願意成為組織的一份子。

員工的激勵是企業成功的關鍵，管理者需要透過多樣化、個性化的激勵方式來最大限度地發揮員工的潛力。只有這樣，企業才能在競爭激烈的市場中脫穎而出，持續穩定發展。

# 21 言而有信：領導者的信譽與團隊信任的基石

## ◎案例：許文龍如何透過激勵機制帶領奇美實業成為臺灣塑膠業巨擘

許文龍，奇美實業（Chi Mei Corporation）的創辦人，以獨特的管理哲學與人本精神，成功帶領奇美實業成為全球最大的ABS樹脂（工程塑膠）供應商之一。他認為，企業的成功來自於員工的努力，因此，激勵員工不僅是管理的手段，更是企業成長的核心策略。

### 晉升機會：讓員工看見發展前景

許文龍始終強調，企業要成長，員工也要成長。在奇美實業內部，他建立了一套公平透明的晉升制度，讓員工能夠根據表現與能力獲得相應的發展機會。例如：公司推動「內部晉升優先制度」，讓有能力的員工不必等待外部招聘，而是能夠透過內部培訓與考核，晉升到更高的職位。

此外，奇美實業還提供「職能發展計畫」，透過專業培訓與管理課程，幫助員工提升技術與管理能力，確保他們在晉升後能夠勝任新的職責。這種重視人才培養的企業文化，讓員工對未來充滿信心，也願意長期留在公司發展。

### 物質獎勵：讓員工共享企業成就

許文龍認為，企業賺錢，員工也應該一起分享，因此，他推動了豐厚的獎勵制度，確保員工的努力能夠獲得具體回報。

例如：當公司營運表現良好時，奇美實業會提供額外的「高

額年終獎金」與「利潤分享制度」，讓員工不只是領薪水，而是能夠與企業共同成長。此外，許文龍也提供「員工分紅計畫」，讓員工可以持有公司的股份，增加對企業的歸屬感與參與感。

這種「與員工共享企業成就」的管理方式，不僅提升了員工的忠誠度，也讓奇美實業在競爭激烈的市場中，擁有穩定且高效的工作團隊。

**創新激勵機制：鼓勵員工提出改善方案**

奇美實業的成功，來自於不斷的技術創新與管理優化。為了激勵員工主動思考、提升工作效率，許文龍推動了「員工建言獎勵計畫」，鼓勵員工提出技術改進或生產流程優化的建議。

若員工的提案被採納，公司不僅會給予獎金，還會讓提案者參與執行專案，確保創新能夠真正落地。許多關鍵的生產技術改進，如 ABS 樹脂的製程優化、降低廢棄物產生的環保技術，都是來自員工的建議。這種「自下而上的創新文化」，讓奇美實業能夠不斷提升競爭力，在全球市場中保持領先地位。

**榜樣的力量：許文龍以人本管理影響員工**

作為企業創辦人，許文龍不僅以卓越的經營能力聞名，更以「人本管理」的理念深深影響員工。他認為，「企業不只是賺錢的機器，更是一個讓員工有尊嚴、有快樂的地方」，因此，他強調「用人為本，重視員工幸福」。

例如：奇美實業提供優於業界的員工福利，包括免費午餐、

健康管理計畫、教育補助等，確保員工在工作之外，也能夠擁有良好的生活品質。此外，許文龍親自關心員工，經常與基層人員對話，了解他們的需求與困難，讓員工感受到公司的關懷與溫暖。

這種「以身作則」的管理風格，使奇美實業的員工對企業充滿認同感，也更願意投入工作，為公司的成長貢獻力量。

**多層次激勵，打造全球塑膠業龍頭**

透過透明的晉升制度、豐厚的物質獎勵、創新激勵機制與人本管理，許文龍成功帶領奇美實業從一家臺灣企業成長為全球塑膠產業的龍頭。他的成功案例證明，真正優秀的企業，並不只是靠技術領先，而是要讓員工有尊嚴、有成就感，才能發揮最大潛力。

## 造高效團隊，推動企業成長

員工激勵是企業管理中不可忽視的重要環節。管理者應該從晉升、物質獎勵、創新激勵機制以及榜樣作用等方面入手，激發員工的工作熱情和創造力。只有當員工感受到自己被重視、被激勵時，企業才能夠建立一支高效的團隊，推動企業持續發展。

# 成為員工的榜樣：管理者必備的領導力

在企業管理中，主管的榜樣作用對於整個團隊的績效和企業的發展至關重要。管理者不僅需要管理他人，更要管理自己，因為一個無法管理自己的人，無法有效地管理他人。管理的核心是影響力，而這種影響力主要來自於管理者的行為、態度和榜樣作用。主管的每一個舉動都會深刻影響到員工的工作態度、行為模式以及整體團隊的執行力。要做好榜樣，管理者需要從以下幾個方面入手。

## 修練自己的人格魅力，提升個人影響力

一個優秀的管理者首先需要具備高尚的人格魅力。這不僅包括正直、公正、無私等基本品德，還需要在日常工作中展現出對員工的尊重和關懷。管理者要時刻以身作則，對待工作要有敬業精神，對待員工要有親和力，對待企業發展要有遠見與責任感。只有這樣，管理者才能真正成為員工的榜樣，激發他們的工作積極性和創造力。管理者的每一個舉動，無論是語言還是行為，都會影響員工的情感與行為，進而影響整體工作氛圍和團隊凝聚力。

21 言而有信：領導者的信譽與團隊信任的基石

## 成為學習的榜樣

現代企業的成功，往往取決於不斷學習和進步的能力。管理者應該成為學習型領導，主動學習新知識、新技術，保持與時俱進。學習力等於競爭力，管理者必須比員工學得更多、更快、更全面。作為榜樣，管理者應該帶領團隊積極學習，不僅要自己參加專業技能培訓，還要鼓勵員工持續提升自己的專業能力，並且提供必要的學習資源與支持。只有管理者持續學習，員工才能在不斷更新的知識體系中保持競爭力，實現整體團隊的成長。

## 成為執行的榜樣

一個優秀的管理者，應該具備卓越的執行力。當管理者能夠迅速、準確地完成上級交辦的任務，並且高效地推動部門目標的實現時，他的行為將對員工起到示範作用。管理者要建立起強烈的責任感和執行意識，從每一項具體任務的落實開始，展現出無論任何挑戰都能迎難而上的態度。當管理者在執行層面樹立了高標準，員工也會在日常工作中更積極主動地執行各項工作任務，團隊的整體執行力也將得到提升。

## 成為言談舉止的榜樣

管理者的言談舉止，不僅展現了個人的修養，也影響著員工對其的認同和尊重。主管在日常交流中應保持適當的威嚴與

親和力，讓員工感受到自己的身份與職責。無論是在與員工交流還是處理問題時，管理者應該言之有理、行之有效。管理者的語言和行為不僅僅是資訊的傳遞，還是對團隊價值觀的塑造和文化的引領。當管理者言出必行，言行一致時，員工會對他充滿信任與敬重，這樣的領導者也能更容易地獲得員工的支持與合作。

## 成為積極態度與良好心態的榜樣

管理者的心態對團隊的影響不容小覷。當管理者以積極的心態面對挑戰，並在工作中展現出對未來的信心與熱情時，員工會受到激勵，從而更加積極地投入到工作中。相反，若管理者總是帶著消極情緒或對工作抱怨，這樣的態度會直接影響到員工的情緒，甚至影響整個團隊的士氣。管理者應該積極鼓勵員工，幫助他們樹立正確的價值觀，傳遞積極向上的工作態度。

## 以身作則：管理者的榜樣力量，塑造卓越團隊

在企業管理中，管理者的榜樣作用至關重要。管理者透過修練自己的人格魅力、成為學習與執行的榜樣、展示積極的心態與言談舉止，能夠激發員工的工作積極性和創造力。當管理者能夠做好自身的管理並成為員工的榜樣時，企業的發展將會得到有力的支持，團隊的凝聚力和執行力也會得到顯著提升。

## 21 言而有信：領導者的信譽與團隊信任的基石

管理者在帶領團隊的過程中，必須以身作則，做好每一個細節，這樣才能實現企業和員工的共同成長與成功。

# 言而有信：領導者的信譽與團隊信任的基石

## 承諾與行動一致，打造高效團隊並促進企業長遠發展

作為一位領導者，言行一致、言必行、行必果是維護信譽和贏得下屬信任的基礎。領導者的信譽是一種無形的財富，具有強大的影響力。若一位主管能夠兌現每一個承諾，堅守自己所說的話，員工自會信任並忠誠跟隨。然而，若主管常常言而無信、表裡不一，便會引發員工的質疑，並對主管的領導產生不信任，甚至影響整體團隊的士氣與效能。

## 記得你所說的每一句話

一位合格的主管應具備良好的記憶力，這不僅是記住下屬的名字，更要牢記自己曾經對下屬所做的承諾與承諾的內容。領導者的話語有巨大的影響力，如果一位主管經常忘記或無視自己曾經的話，那麼他將逐步失去員工的信任與尊重。言而無信，不僅會使人產生不信任感，也可能造成員工的挫敗感，長此以往，信譽的損失無法彌補。

## 言行一致，避免改變立場

言行一致是領導者最基本的素養之一。若一位領導者的言辭經常變動，出爾反爾，員工便會產生懷疑，對其領導力產生質疑。正如華倫・班尼斯所指出的，成功的領導者往往是能夠做到前後一致的人，即便員工的意見與其不合，仍能保持信任並堅守自己的立場。這樣的領導者能夠穩定團隊的情緒，營造一個清晰、有方向的工作氛圍。

## 一諾千金，切勿輕易承諾

領導者要謹慎許下承諾，不能輕易承諾自己無法實現的事。若主管在面對員工或上級時過於輕率地做出承諾，並未充分考量其後果和可行性，當無法履行時，會直接損害自身的信譽。因此，主管應在承諾之前，仔細評估自己是否有能力履行，並根據實際情況做出合理的承諾。

## 誠實守信，擁抱責任

誠實守信是領導者的根本美德，也是建立領導威信的重要基礎。當主管遇到無法完成承諾的情況時，應該主動向下屬解釋情況，並以誠懇的態度道歉，而不是試圖掩蓋或推卸責任。誠實的道歉能夠增強下屬對主管的信任，反之，隱瞞真相或推卸責任只會加劇不滿情緒，造成更大的裂痕。

21 言而有信：領導者的信譽與團隊信任的基石

## 領導者的道德標準

領導者要有堅守原則的勇氣，不能為了短期的利益而妥協自己的道德標準。作為領導者，必須把義務和榮譽放在首位，這樣才能贏得員工的尊敬和信任。下屬會根據領導者的行為來衡量自己的行動，如果主管能夠始終如一地履行承諾，他們也會學會如何履行自己的責任，這樣才能實現整個團隊的共同發展。

## 避免說謊，對錯誤承擔責任

主管要時刻記住，毀約等同於說謊，而這會嚴重損害自己的形象。一旦下屬發現主管說謊，無論是故意還是無意，會對主管產生極大的不信任感。若主管因某些原因無法履行承諾，應當坦誠面對，解釋原因並誠懇道歉，而不是為自己辯解或掩蓋事實。誠實的對待問題，才是維護信譽的最佳途徑。

言而有信是領導者的基礎特質，也是管理成功的關鍵。管理者必須承諾自己能夠實現的事，對每一個承諾負責到底，並在面對挑戰時保持誠實與坦誠。唯有這樣，領導者才能贏得下屬的信任與尊重，從而帶領團隊向著共同的目標邁進。在工作中，領導者應始終如一，做好每一個細節，這樣才能真正贏得員工的支持和信賴，並促進企業的長遠發展。

# 22

# 精準決策與卓越執行力：
# 引領企業成功的關鍵

在競爭激烈的商業環境中，決策的精準度與執行的有效性決定了企業的成敗。優秀的領導者不僅要具備洞察市場趨勢的能力，還需確保每項決策都能迅速而準確地轉化為行動。本章將探討如何提升決策力、優化執行流程，透過策略性思維與高效行動力，引領企業穩健成長，在變局中搶占先機，持續創造競爭優勢。

## 精準決策：抓住時機，引領企業邁向成功

在現代企業管理中，決策的時機至關重要。即使擁有遠大的願景和完善的計劃，若錯過了合適的時機，所有的努力也可能付諸東流。管理者必須敏銳地抓住決策的最佳時機，並且將其具體化，轉化為可以執行的行動方案，才能引領團隊朝著目標邁進。

## ◎案例：張忠謀如何精準決策，讓台積電抓住半導體市場機遇

張忠謀（Morris Chang），台積電（TSMC）創辦人，以精準的決策時機與遠見，成功帶領台積電成為全球半導體產業的龍頭。他深知，在科技產業競爭激烈的環境中，決策的關鍵不只是方向正確，更在於能否在最佳時機做出行動，確保企業領先對手。

**抓住團隊的期待，推動晶圓代工模式**

1980 年代，全球半導體產業仍以 IDM（Integrated Device Manufacturer，垂直整合製造）模式為主，意即公司必須同時負責晶片設計、製造與銷售。當時，大多數半導體企業將資源集中在設計與市場開發，而製造技術則成為龐大且昂貴的負擔。

張忠謀洞察到這個趨勢，並意識到市場迫切需要一種專業的「晶圓代工」模式，讓設計公司能夠專注於晶片研發，而製造則交由專業廠商代工生產。這不僅降低了半導體設計公司的進入門檻，也提升了整體產業效率。

然而，在當時，並沒有其他公司推動這種模式，市場對「純晶圓代工」的可行性仍存有疑慮。張忠謀的成功關鍵，在於他精準抓住市場與團隊的期待，在正確的時間點推動這項創新，最終奠定了台積電的市場領導地位。

**具體化目標，清晰行動計畫，實現全球領先地位**

如果張忠謀當時僅有「晶圓代工」的構想，但沒有具體的計

畫與執行策略，台積電可能無法順利落實這一模式。因此，他不僅提出概念，更將其轉化為明確的發展路徑：

### 1. 先從小規模客戶開始，逐步建立市場信任

創立初期，台積電並未直接與英特爾、德州儀器等大廠競爭，而是選擇與無晶圓廠（Fabless）設計公司合作，如超微（AMD）、博通（Broadcom）等，建立第一批穩定客戶群。

### 2. 投資先進製程技術，確保競爭優勢

張忠謀不僅創造了晶圓代工模式，還清楚知道「技術領先是唯一的競爭保障」。他大膽投資先進製程，並推動台積電成為全球第一家量產7奈米、5奈米、甚至3奈米技術的公司，讓競爭對手難以超越。

### 3. 全球擴張，搶占市場先機

當全球晶片需求快速成長時，張忠謀提前布局國際市場，積極拓展台積電的海外客戶群，與蘋果（Apple）、NVIDIA、高通（Qualcomm）等企業建立長期合作關係，確保台積電在全球市場的競爭優勢。

#### 決策時機決定企業成敗

張忠謀的成功關鍵，不僅在於他擁有前瞻性的商業眼光，更重要的是他能夠在最佳時機做出果斷決策，並將遠景轉化為具體的行動計畫。如果他當年沒有及時推動晶圓代工模式，台

積電可能無法成為今日的全球半導體巨頭。這證明，在企業經營中，決策的時機至關重要，只有在正確的時間點做出行動，才能真正引領市場。

## 抓住團隊的期待

遠景管理的核心之一就是能夠抓住團隊的期待，並將其具體化。無論是組織的成員還是下屬，都有他們對未來的期待。管理者需要將這些期待具體化，轉化為明確的目標。這不僅能夠讓團隊成員清楚知道自己要做什麼，還能激發他們的動力，促使他們全力以赴。就像拿破崙在征戰前所做的，他將未來的榮譽和獎勵具體地展現出來，這不僅激勵了全軍的士氣，也使他們對勝利充滿信心。

## 具體化的目標，清晰的行動計畫

若領導者不能將團隊的期待具體化，或者無法清晰地描繪出達成目標的路徑，團隊便會迷失方向。具體的目標能夠為團隊成員提供清晰的指引，並能確保每一位員工都在為同一個終極目標而努力。在遠景規劃中，領導者需要明確指出實現遠景的具體步驟，這樣才能讓目標變得可達並實現。

具體化的目標，清晰的行動計畫

## 設定階段性目標

達成遠景的過程並非一蹴而就，這需要透過設定階段性目標來逐步推進。每一個階段的目標應該是可實現的，並且具體、詳細。這些階段性目標的完成將為更高層次的目標奠定基礎，從而最終實現組織的宏大遠景。在設定階段性目標時，領導者應根據現狀來設計目標，確保每一個目標都能夠推動團隊向著終極目標邁進。

## 領導者的榜樣作用

領導者在規劃和執行遠景的過程中，必須起到榜樣作用。團隊成員往往會受到領導者行為的影響，領導者的行動是否一致、是否誠信，直接決定了遠景是否能夠實現。領導者不僅要在言語上激勵團隊，更要在行動上給予員工指引，透過身體力行來激勵員工，達成共同目標。

## 時機把握和果斷決策

在管理過程中，抓住合適的時機作出決策是非常關鍵的。如果錯過了時機，則可能喪失一次成功的機會。領導者需要時刻保持警覺，對組織內外部的變化作出迅速反應，並且在適當的時候做出果斷的決策。這樣才能確保組織在競爭中占據有利位置，並實現預定目標。

## ▌有效授權：打造高效能隊伍的管理職責

作為一位企業主管，能夠有效地授權是管理成功的關鍵之一。授權的核心不在於將所有工作分派出去，而是要根據每個下屬的能力與責任範圍，選擇合適且信得過的人來處理相應的任務。當主管無法獨自處理所有事務時，放手授權給合適的人，不僅能有效提升團隊效率，也能建立一個高效運作的管理系統。

### 忠實執行命令的人

一個可靠的員工首先要具備忠誠的執行力。這意味著當上級下達命令或分配任務時，該員工能夠全力以赴，並且按時完成工作。對工作推誤拖延、沒有誠信的人，無論多有能力，都難以交付重任。這些人會在執行任務時表現出消極情緒，對未來的指示心生抗拒，無法做到高效配合。

### 知道自己許可權的人

另一個值得信賴的特質是了解自己的許可權範圍。主管必須確保授權的人清楚知道哪些決策在其範圍內，哪些需要上級批准。若下屬在處理問題時不清楚自己的權限，或者越權而行，就可能導致管理秩序混亂，甚至產生不必要的衝突。這樣的員

工能夠明確區分自己的責任,並且能夠理智地將超出範圍的問題上報。

## 勇於承擔責任的人

當工作出現失誤時,能夠勇於承擔責任的人是值得信任的。那些總是推卸責任、無法面對錯誤的人,會給團隊帶來不穩定因素。真正的領導者知道,在任何情況下都應該負起責任,無論是成功還是失敗,都應該為團隊的結果負責。當一位員工表現出這種責任感時,他才有資格接受更大的挑戰。

## 不事事請示的人

過於依賴上級、事事請示的下屬往往會拖慢工作進度,並且使主管的負擔加重。一位可信賴的員工應該能夠在範圍內自主決策,並能夠根據情況適當調整工作方式。這不僅能提高工作效率,還能幫助下屬獨立成長,提升他們的執行力。

## 隨時準備回答上級提問的人

員工對自己的工作內容及進展要有清晰的了解,當上級提出問題時,能夠迅速、準確地回應。這不僅顯示出員工的專業素養,也表現出他們對工作的重視和對主管的責任感。隨時準備回答問題的員工往往能夠提高工作中的準確性,減少誤差和失誤。

## 向上級提出問題的人

能夠主動向上級反映問題的員工，是值得信賴的。他們對自己負責的領域有足夠的了解，並且能夠辨識出可能存在的問題。這樣的員工不僅能夠及時解決問題，還能為上級提供寶貴的決策參考，幫助主管做出更精準的判斷。

## 提供情報給主管的人

最後，值得信賴的員工還能夠提供有價值的情報。這不僅限於向主管報告工作情況，還包括提供業務、競爭環境、同事或其他部門的有用資訊。這樣的員工能夠從大局出發，幫助主管了解真實情況，並做出更合理的決策。

授權是管理中的一項關鍵技能，能夠將工作交給信得過的人，能夠提高整個團隊的效率與合作性。信任那些具備忠誠度、責任感和獨立判斷力的員工，能夠讓主管更加專注於策略層面的決策，並有效推動企業的發展。

### 執行能力是管理者綜合素養的表現

在現代企業管理中，面對市場的變化與管理的挑戰，管理者的執行能力已經成為決定企業成功的關鍵因素之一。執行能力不僅僅展現在計畫的推進上，更展現在一系列多方面的素養結合。管理者必須具備深謀遠慮的業務洞察力、突破性的思

維、果敢的行動力、勇於承擔風險的工作作風等,這些素養的綜合表現構成了管理者的執行力。以下是一些具體表現:

## 1. 領悟能力

領悟能力是執行力的基礎。作為管理者,在進行任何工作前,必須能夠準確理解任務的目標與意圖,並據此掌握方向。若不清楚目標或隻憑片面了解就匆忙開展工作,往往會事倍功半,浪費資源。

## 2. 計畫能力

一個有效的計畫是成功執行的基石。管理者應該將任務按照輕重緩急進行規劃,並給予部屬明確的分工與指導。計畫中的關鍵性問題應提前預見並解決,從而保證重要任務的優先執行。

## 3. 指揮能力

在計畫的執行過程中,良好的指揮能力至關重要。管理者需要確保部屬明確工作目標,並能夠以適當的語氣和方式進行指導與分配。好的指揮能激發部屬的責任感與使命感,使其積極投入工作。

## 4. 協調能力

協調能力是管理者執行力的重要組成部分。在實施計畫時,管理者經常需要協調各方資源,包括部門間的合作、上下級的

溝通以及與外部合作夥伴的協商。只有良好的協調，才能確保計畫順利推進，並促進雙方或多方共贏。

## 5. 授權能力

授權是管理者工作中的一個重要方面。主管不應該事事親力親為，而應該明確自己的職責是培養下屬共同成長，並賦予下屬相應的責任和權限。這不僅有助於提高部屬的責任感，還能解放管理者，專注於更重要的事務。

## 6. 判斷能力

判斷力是管理者面對複雜問題時的關鍵能力。管理者必須有足夠的洞察力來了解問題的根源，從而提出有效的解決方案。在瞬息萬變的市場中，及時、準確的判斷能幫助管理者做出正確的決策。

## 7. 創新能力

創新是提升執行力的推動力。管理者應該具備創新意識，不斷從工作過程中發現問題並尋求解決方案。創新不僅限於新產品或新技術，還包括改善工作流程、提升效率等方面。

## 8. 團隊精神

良好的團隊精神對於執行力至關重要。管理者需要引導團隊成員相互信任、相互支持，共同為達成目標而努力。只有團隊合作默契，才能確保整個部門在完成任務時的高效運作。

9. 堅韌能力

　　堅韌性反映了管理者在面對挑戰與壓力時的耐性。堅韌性強的管理者能夠在困難的環境下堅持目標，克服困難，並在壓力下保持冷靜，帶領團隊穩步前進。

# 卓越執行力：管理者綜合素養的關鍵

　　在當今變化莫測的市場環境和日益複雜的管理挑戰下，企業的管理者必須擁有卓越的執行能力。管理者應該從具體的事務中抽身出來，專注於計畫、實施、溝通、協調、監督、落實、指導、控制、考核和持續改進等工作方式的研究，並積極運用先進的管理理念與手段，搭建提升執行力的平臺，持續提升部門及員工的執行力，推動企業穩定發展。

## 執行能力的多元表現

　　執行力並非單一素養的凸顯，而是多種素養的結合與表現。對於管理者而言，執行能力的展現包括：擁有深謀遠慮的業務洞察力；突破性思維；設立目標並堅定不移地實現；雷厲風行、快速行動的管理風格；勇於承擔風險與責任的工作作風等。因此，管理者的執行能力展現了綜合素養的多維度，而非僅依賴單一素養。

## 管理者的執行能力具體表現

### 1. 領悟能力

管理者必須在進行任何工作之前,理解其目標與意圖,並掌握正確的方向。未能充分理解目標的管理者,往往事倍功半,無法達到預期的效果。

### 2. 計劃能力

執行任何任務必須有清晰的計畫,並將工作依照輕重緩急進行分配,確保重要任務的優先性。管理者應關注未來發展,並在計畫實施中預見關鍵問題,確保關鍵20%的工作能產生80%的成效。

### 3. 指揮能力

指揮部屬時,管理者需要清晰明確地分配任務,並考慮如何激發部屬的積極性。良好的指揮能夠提升部屬的責任感與使命感,最終達成目標。

### 4. 協調能力

協調是管理者的核心能力之一。協調工作不僅涉及部門內部的上下級、部門間合作,還包括外部合作夥伴的協商。有效的協調能確保計畫順利實行,並達到共贏的結果。

### 5. 授權能力

授權是管理者的重要技能，應根據員工的能力與責任範圍，將合適的任務交給信得過的下屬處理。這樣不僅能提升效率，也能促使員工成長，最終達成共同的目標。

### 6. 判斷能力

判斷能力讓管理者能夠了解問題的根源，進而制定解決方案。在企業經營中，管理者需要具備預判能力，提前辨識潛在問題並做出相應應對。

### 7. 創新能力

創新是提升執行力的重要驅動力。管理者應不斷學習並發現新解決方案，推動工作流程的創新，提升效率與效果。

### 8. 團隊精神

團隊合作是成功的關鍵。管理者必須引導團隊成員相互信任、支持，並共同達成目標。成功的團隊精神能大大提升整體執行力。

### 9. 堅韌能力

堅韌性是管理者在面對挑戰與壓力時的核心素養。無論面臨困難或逆境，管理者必須保持冷靜，堅定目標並克服所有挑戰。

## 提升執行力，推動企業成功

執行力不僅僅展現在計畫的推進上，更是管理者綜合素養的表現。管理者應該在領悟、計畫、指揮、協調、授權、判斷、創新、團隊合作與堅韌性等方面全面提升，才能有效推動企業向目標邁進，實現長期穩定發展。

# 23
# 企業管理中的智慧決策：
# 謀定而後動，避免衝動行事

　　決策是企業管理中最關鍵的環節，一個明智的決策能夠引領企業穩健成長，而衝動或缺乏深思的決策則可能導致嚴重損失。成功的管理者懂得「謀定而後動」，透過資料分析、風險評估與策略思維，確保每個決策都具備前瞻性與可執行性。本章將探討如何在企業管理中運用智慧決策，避免情緒化判斷與短視近利，透過縝密規劃與靈活應變，帶領團隊邁向穩定成長與長期成功。

## 觀察並了解員工特質

　　作為領導者，首先要了解員工的個性和工作風格。透過觀察他們在不同情況下的表現，了解他們的長處和短處，從而更好地引導他們成長。在不斷的觀察中，可以發現哪些員工具備成為骨幹的潛力，哪些員工需要更多的指導與支持。這樣的了解能幫助管理者在適當的時候給予員工正確的激勵與引導。

23 企業管理中的智慧決策：謀定而後動，避免衝動行事

## 提供支持和回饋

員工在工作過程中會遇到各種挑戰，這時候，管理者的支持至關重要。管理者應該及時提供回饋，指出員工的優點和改進的空間。關鍵在於如何給予建設性的批評，幫助員工從錯誤中學習，並且給予他們再次嘗試的機會。對於表現出色的員工，要及時給予讚賞和激勵，讓他們知道他們的努力是被重視的。

## 培養自信並激發潛力

領導者的責任是幫助員工認識自己的價值，並激發他們的潛力。透過正面的鼓勵與支持，讓員工相信他們能夠克服挑戰，達成目標。員工在感到自信和被支持的情況下，會更加積極地投入工作，並為實現企業目標而努力。

## 讓員工感受到尊重與信任

在與員工的互動中，尊重與信任是最重要的元素之一。當員工感受到被尊重時，他們會更願意為公司奉獻自己的才華。管理者應該信任員工，給予他們更多的責任和權力，並提供必要的資源和支持，讓員工在工作中發揮最大的潛力。

## 在困難中保持樂觀

企業發展中難免會遇到各種困難，這時候，領導者的態度尤為重要。在處於低谷時，管理者應該展示出積極的心態，帶領團隊走出困境。即使情況艱難，也要幫助員工看到希望，激發他們的鬥志。透過言語與行動，領導者能夠為員工創造一個積極向上的工作氛圍。

## ◎案例：稻盛和夫如何透過激勵員工，帶領京瓷與日航走向成功

稻盛和夫（Kazuo Inamori），日本知名企業家，創立京瓷（Kyocera）並成功重振日本航空（JAL），被譽為「企業再生之神」。他始終相信，企業的成長來自於員工的努力，而領導者的責任就是激勵員工，幫助他們發揮潛力。他透過人本管理與哲學式領導，成功帶領企業走向輝煌，並為員工創造歸屬感與成就感。

### 觀察並了解員工特質，發掘人才潛力

稻盛和夫認為，「人不是為了工作而活著，而是透過工作來成長」。因此，他鼓勵管理者深入了解每位員工的性格與能力，並給予適合的機會與挑戰。他強調，每位員工都有潛力，領導者應該透過觀察，找到適合他們發展的位置，並引導他們不斷進步。

## 23 企業管理中的智慧決策：謀定而後動，避免衝動行事

在京瓷創立初期，他親自與基層員工交流，了解他們的想法與困難，將適合的人才安排在最適合的崗位。這種「因材施教」的方式，使京瓷的團隊逐漸強大，為企業發展奠定穩固基礎。

### 提供支持和回饋，讓員工在挑戰中成長

稻盛和夫認為，「領導者要在員工迷茫時，提供正確的指引，幫助他們找到方向」。當日本航空陷入破產危機時，他臨危受命擔任會長，並向員工傳遞「只要我們團結一致，就一定能讓日航復活」的信念。他親自與前線員工對話，了解問題，並提供實際的建議與支持。

透過這種積極的溝通與關懷，日航員工逐漸重拾信心，最終成功扭轉頹勢，使公司在短短兩年內重新實現盈利，成為日本企業史上的奇蹟。

### 培養自信並激發潛力，讓員工願意挑戰自我

稻盛和夫強調，「工作不是為了賺錢，而是為了實現人生價值」。他透過「阿米巴經營」制度，讓每個部門像是一個獨立的小企業，給予員工自主決策權，並讓他們對成果負責。

這種方式讓員工不再只是服從指令，而是主動思考、積極創新，並尋找最佳解決方案。這種信任與挑戰的結合，使京瓷與日航的員工更有動力，也為企業帶來了持續的成長與創新。

### 讓員工感受到尊重與信任，打造企業歸屬感

稻盛和夫認為，「企業的存在目的不只是賺錢，而是為了讓

員工幸福」。因此，他強調企業應該創造讓員工感受到被尊重與信任的環境。

在京瓷，他推動利他精神（思考如何為他人付出），要求領導者以真誠的態度對待員工，並鼓勵員工之間互相支持、共同成長。在日航，他則透過透明管理，讓員工參與決策，讓每個人都能感受到自己是公司成功的重要一環。

**在困難中保持樂觀，成為員工的精神支柱**

稻盛和夫的領導風格充滿積極與正能量。即使在企業遭遇最嚴峻的挑戰時，他仍然保持樂觀，並透過言行鼓舞員工。例如：在日航重建過程中，他經常向員工傳達「我們一定能成功」的資訊，並親自參與改革，讓員工感受到「領導者與我們並肩作戰」。

他的樂觀與堅持，讓企業團隊在面對困境時，不會輕易放棄，而是充滿信心地向前邁進。

**以人為本的激勵哲學，讓企業與員工共榮**

稻盛和夫透過觀察員工特質、提供支持與回饋、培養自信與潛力、營造尊重與信任的環境、以及在困難中保持樂觀，成功激勵京瓷與日航的員工，使企業屹立不搖。他的管理哲學證明，真正的成功企業，不只是創造財富，而是能夠讓員工在工作中找到價值與成就感。

23 企業管理中的智慧決策：謀定而後動，避免衝動行事

## 激勵員工，打造企業長遠競爭力

作為企業的領袖，為員工打氣不僅是提供物質獎勵，更多的是在精神和情感上的支持。有效的激勵能夠幫助員工發揮最大潛力，在困難中堅持，最終達成目標。領導者的角色不僅是決策者，更是員工的引導者和支持者，透過對員工的關心與支持，企業能夠在競爭激烈的市場中脫穎而出，達成長期的成功。

# 創造危機感：
# 激發員工潛力與企業競爭力的關鍵

在現今的企業環境中，安逸的工作環境可能是最大的敵人。過度安逸可能讓員工失去對工作的緊迫感和對業績的追求，最終影響企業的發展。管理者應該認識到，適當的危機感是提升員工效率、激勵員工積極性和保障企業長期穩定發展的關鍵。適當的危機感能讓員工不斷自我激勵，積極應對挑戰，並為企業創造價值。

### 安逸環境的危害

在長期的穩定工作環境中，員工可能會習慣於「安逸」，認為自己擁有穩定的工作和收入，因此不再積極主動地提升自己

的工作表現。這樣的心態不僅會影響員工的工作熱情，還會造成企業的損失。當員工習慣於這種「應得權利」的文化時，他們的工作表現往往以行動為主而非結果，甚至可能在面對挑戰時選擇放棄或逃避。

## 製造危機感的正向作用

適當的危機感能夠刺激員工的積極性和動力。當員工感受到企業的不確定性或面臨挑戰時，他們會更加專注於自己的工作表現，並尋求解決問題的方式。美國心理學家 J. M. 巴德維克曾指出，適時提醒員工企業可能面臨風險，能夠讓員工更加努力工作，保持警覺，避免因為長期的穩定而陷入懈怠。

## 平衡風險與穩定

雖然危機感對企業營運至關重要，但過度的壓力和不穩定感可能會導致員工焦慮，從而影響其工作表現。根據心理學的研究，適當的焦慮感能提升員工的工作表現，然而，焦慮感過高時則會產生反效果。因此，管理者應該在風險與穩定之間找到一個平衡點，讓員工感受到挑戰，但不至於因為過高的壓力而感到無所適從。

23 企業管理中的智慧決策：謀定而後動，避免衝動行事

## 創造積極的挑戰

管理者應該設置有挑戰性的工作目標，並根據員工的能力分配適當的任務。目標的挑戰性與可達成性之間需要找到一個最佳的平衡，這樣員工才能在達成目標的過程中感受到成就感，並且激發他們的潛力。這樣的挑戰能夠促使員工不斷進步，並且對企業未來的發展充滿信心。

## 從錯誤中學習

適當的危機感也意味著員工會面臨一定的挑戰和錯誤。錯誤不僅是學習的過程，也是員工提升的重要機會。管理者應該在員工犯錯後提供正面的回饋和指導，幫助他們從錯誤中學到寶貴的經驗。這樣的環境能夠激發員工的進步，並且建立一個健康的企業文化，讓員工在面對挑戰時不氣餒，而是積極尋求解決方法。

## 建立危機感的文化

企業應該在整體文化中創建一種健康的危機感文化。這不僅僅是對員工的要求，更是企業的核心價值觀。管理者應該以身作則，營造一個積極向上的工作環境，讓員工感受到企業的發展目標與自身的努力息息相關。這樣，員工將自動形成強烈的危機感，並為達成企業目標而努力工作。

## 適合的危機感,激發企業與員工的成長能力

危機感對於企業和員工的發展至關重要。管理者需要創造一個正向的工作環境,讓員工在面對挑戰時保持動力,並且為實現企業目標而不懈努力。適當的危機感能激發員工的潛力,提升工作效率,並促使企業走向成功。

# 三思而後行:
# 謀定而後動,企業決策的關鍵原則

在企業管理中,衝動行事往往會帶來不可預見的後果,而「三思而後行」是避免衝動決策、有效解決問題的關鍵。管理者應該清楚認識到,無論問題多麼緊急或看似簡單,只有冷靜思考後才能做出最合適的決策。這不僅僅是避免犯錯,更是提高決策效率、推動企業發展的必要條件。

## 衝動與計劃的對比

衝動型的行動往往是基於情緒或當下的直覺,這樣的決策很容易忽略問題的深層次原因,且難以預測後果。這種做法可能會短期內取得一些成果,但長期來看卻可能帶來更大的損失或錯誤。而「三思而後行」則強調在決策之前,進行充分的思考與規劃,從而確保每一步都是精心計算和有效的。

## 23 企業管理中的智慧決策：謀定而後動，避免衝動行事

## 思考與謀定

當遇到問題時，首先要弄清楚問題的根源，了解引發問題的各種因素，只有這樣才能找到正確的解決方案。無論問題多麼複雜，急於行動往往會讓人忽略重要的細節。有效的解決方案需要基於對問題本質的深入分析，而非匆忙做出的決定。

在企業的管理中，謀定而後動的意思是，在做出行動之前，首先要有一個清晰的計畫，這個計畫需要經過充分的思考，並且考慮到可能的各種後果和選擇。這樣的謀略才能為企業帶來長期的成功，而不是一次性應對的臨時舉措。

## 謀定而後動的實踐

「謀定而後動」的實踐在管理中尤為重要。管理者必須設立清晰的策略目標，並確保每一項行動都有具體的指導方針和可執行的計畫。這不僅有助於管理者自己保持清晰的思路，也能讓整個團隊對目標有一致的理解與認同。

在解決問題的過程中，管理者應該設定多個層次的目標，並根據當前的情況選擇最適合的方案，避免因為急於解決問題而選擇錯誤的途徑。這樣可以有效避免「走彎路」，節省時間與資源，最終達到預期的效果。

## 企業管理中的決策流程

在企業管理中，決策不僅是上級的責任，也需要依賴於良好的資訊流通和有效的管理流程。企業管理者應該確保每一個決策都基於充分的資料分析和內部溝通。決策過程包括策略目標的確定、部門流程設計、組織結構的規劃、職位職責的界定以及規章制度的執行等，每一步都應該謹慎考量。

## 從細節到全局的思考

管理者在決策時，不僅需要關注當前的細節，更應該放眼全局，預見未來的挑戰與機會。每一項決策都應該是全局規劃的一部分，確保每個環節的運行協調順暢。這樣才能真正實現企業的可持續發展，並在面臨挑戰時保持足夠的彈性來調整策略。

## 謀定而後動的重要性

總結來看，「三思而後行」和「謀定而後動」的理念，是現代企業管理中不可忽視的核心原則。管理者應該始終保持冷靜的思考，避免衝動決策，並在每一次行動之前，透過謀略和深思熟慮，確保每一個決策都能帶來最佳的結果。只有這樣，企業才能在變化多端的市場中立於不敗之地。

國家圖書館出版品預行編目資料

權變管理學，不確定時代下的精準領導：跨領域合作 × 挑戰性目標 × 成長型思維，破解組織瓶頸，看世界知名企業如何打造超一流管理體系！/ 陳佑昇 著 . -- 第一版 . -- 臺北市：樂律文化事業有限公司 , 2025.04
面； 公分
POD 版
ISBN 978-626-7699-27-0( 平裝 )
1.CST: 企業領導 2.CST: 組織管理
494.2　　　　　　　114004416

電子書購買

爽讀 APP

# 權變管理學，不確定時代下的精準領導：跨領域合作 × 挑戰性目標 × 成長型思維，破解組織瓶頸，看世界知名企業如何打造超一流管理體系！

臉書

作　　　者：陳佑昇
發　行　人：黃振庭
出　版　者：樂律文化事業有限公司
發　行　者：崧博出版事業有限公司
E - m a i l：sonbookservice@gmail.com
粉　絲　頁：https://www.facebook.com/sonbookss/
網　　　址：https://sonbook.net/
地　　　址：台北市中正區重慶南路一段 61 號 8 樓
8F., No.61, Sec. 1, Chongqing S. Rd., Zhongzheng Dist., Taipei City 100, Taiwan
電　　　話：(02) 2370-3310　　傳　　　真：(02) 2388-1990
印　　　刷：京峯數位服務有限公司
律師顧問：廣華律師事務所 張珮琦律師

-版權聲明-

本書作者使用 AI 協作，若有其他相關權利及授權需求請與本公司聯繫。
未經書面許可，不可複製、發行。

定　　　價：399 元
發行日期：2025 年 04 月第一版
◎本書以 POD 印製